Tous nos ouvrages sont disponibles aux

Éditions Decoopman
Ferrières
30440 Saint-Laurent-le-Minier
Tel : +33 (0)4.67.73.90.95
web : www.decoopman.com
e.mail : livres@decoopman.com

Olivier Lacaux
Jean Castanier

I.S.B.N. 978-2-36965-116-1
Dépot légal : 2e trimestre 2021

Ouvrages parus
aux Éditions Decoopman
Collection « ***Sciences & Techniques*** »

Moteurs Stirling

- *Fabriquer des moteurs Stirling* - A. Ross
- *Manuel du moteur Stirling pour le modéliste* – D. Lyonnet

Mécanique

- *Organes de machines*
- *507 Mouvements mécaniques* – H. Brown
- *760 mouvements mécaniques* - G. Vander Haeghen
- *Des mécanismes élémentaires* - L.E. Loche
- *Engrenages & Transmissions* – G. Franche
- *Engrenages et vis sans fin* - R. Champly
- *Les Machines* – E. Collignon
- *Les Moteurs* – H. de Graffigny
- *Les moteurs à vent* - R. Champly
- *Moteurs* - Max de Nansouty
- *Moteurs & Gazogènes* – L. Letombe
- *Notions de technologie mécanique - P. Beauvais*
- *Organes de transmission* - R. Champly
- *Traité élémentaire de mécanique industrielle* - S. Flachat
- *Traité pratique des engrenages* - L. Wève

Vapeur

- *Catéchisme des Chauffeurs* - Collectif
- *Distribution de la vapeur* - M. Castelnau
- *Gouvernails à vapeur* FARCOT – J. Farcot
- *Histoire de la machine à vapeur* – R.H. Thurston
- *L'A.B.C. du Chauffeur* – H. Mathieu
- *Les bateaux à vapeur* – L. Figuier
- *Les Locomobiles* – L. Figuier
- *Les machines à vapeur* - J.P. Delaby
- *La machine à vapeur* – E. Sauvage
- *La Vapeur – A. Guillemin*
- *Tiroirs et distributeurs de vapeur* – A. Madamet

Chemins de fer

- *La locomotive* - U. Lamalle & F. Legein
- *La machine locomotive* – E. Sauvage
- *Les chemins de fer* – A. Guillemin
- *Locomotive & Chemin de Fer* – L. Figuier

Marine

- *Abécédaire des forces sous-marines* - P. Nôtre & J.L. Vichot
- *La Marine de guerre (Le monde industriel)* – L. Huard
- *La Marine de guerre – A. Sauvaire-Jourdan*
- *La navigation sous-marine* – G.L. Pesce
- *Les paquebots à grande vitesse – M. Dumoulin*
- *Les Torpilles* – E. Hennebert
- *Sous-marins & submersibles - Max Laubeuf*
- *L'Artillerie moderne (Le monde industriel)* – L. Huard

Horlogerie

- *L'art de l'Horlogerie enseigné en trente leçons* - Anonyme
- *Histoire de l'Horlogerie* - P. Dubois
- *Les merveilles de l'Horlogerie* - Portal & Graffigny

CONSTRUCTION MÉCANIQUE ET MÉTALLIQUE

Transmission du Mouvement

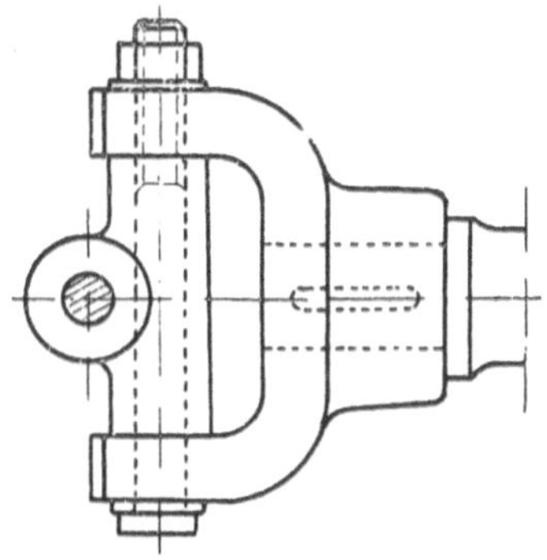

Publié sous la direction de A. DRUOT
Inspecteur général de l'Enseignement Technique
Ancien professeur de Dessin et de Technologie
dans les Écoles d'Arts et Métiers

1938

ORGANES DE TRANSMISSION DU MOUVEMENT

En général, dans un atelier, la puissance nécessaire au fonctionnement des machines est fournie par une source d'énergie appelée *moteur*, utilisant une force naturelle : eau, vapeur, électricité ou gaz.

Il est nécessaire de fractionner et d'adapter l'effort du moteur aux besoins des différentes machines réceptrices : il faut donc transmettre son mouvement et, au besoin, le transformer.

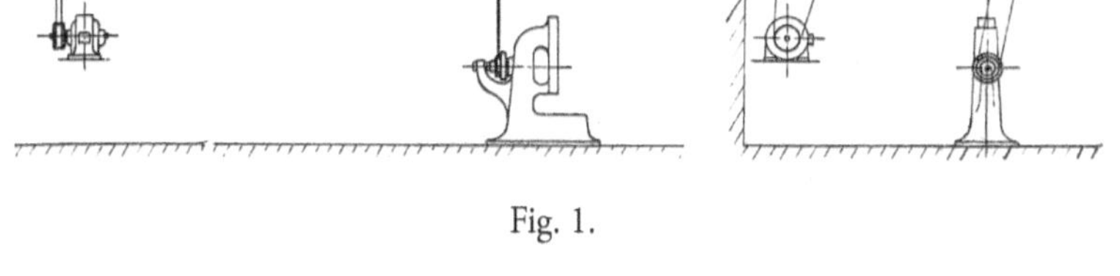

Fig. 1.

On donne le nom de *transmissions mécaniques* à l'appareillage qui assure l'entraînement des machines par le moteur, et permet de modifier le mouvement de l'une d'elles indépendamment des autres.

Cet appareillage comporte :

- une *transmission principale* (ou générale) (fig. 1), attaquée directement par le moteur, tournant toujours à la même vitesse, dans le même sens, et actionnant toutes les machines réceptrices ;
- des *transmissions intermédiaires* (ou renvois), placées entre la transmission principale et chaque machine, agencées de manière à pouvoir arrêter ou remettre en marche la machine intéressée, changer son sens de rotation, lui imprimer différentes vitesses.

Les organes qui constituent une transmission sont :

- les *arbres*, qui reçoivent et transmettent le mouvement ;
- les *paliers*, supportant les arbres ;
- les *chaises*, portant les paliers et fixées au bâtiment ;
- les *roues*, assurant la liaison d'un arbre à un autre ;
- les *accouplements*, reliant les tronçons d'une même ligne d'arbres.

Remarque. – La commande des machines d'un atelier a rarement lieu aujourd'hui par une transmission générale actionnée par un seul moteur. On préfère, dans la plupart des cas, établir des tronçons de transmission, commandés chacun par un moteur électrique, et entraînant un groupe de machines.

Dans les ateliers très modernes, on supprime même toute transmission en attaquant chaque machine directement par un moteur : c'est la commande individuelle.

On étudiera plus tard les avantages et les inconvénients des différents systèmes ; *mais on y retrouve toujours les principaux organes énumérés plus haut.*

CHAPITRE I

ARBRES

§ I. — Généralités

Les arbres sont des pièces cylindriques de grande longueur sur lesquels sont fixées, généralement par clavetage, des poulies ou des roues dentées ; ils sont supportés, en certains points, par des paliers. Ils reçoivent un mouvement de rotation du moteur ou d'un autre arbre, et transmettent ce mouvement à d'autres arbres ou aux machines.

Dans sa rotation, un arbre tend à être tordu autour de son axe par la résistance qu'opposent les machines au mouvement qui lui est imprimé par l'effort moteur ; de plus, le poids des organes et la tension des courroies soumettent l'arbre à des efforts perpendiculaires à sa direction qui tendent à le fléchir. Enfin, dans certains cas particuliers, l'effort principal agit dans l'axe de l'arbre, tendant à l'allonger ou à le comprimer, comme dans les arbres porte-hélice de bateaux, ou encore dans le cas d'arbres verticaux.

L'arbre doit être suffisamment résistant pour supporter ces différents efforts, sans déformation sensible ; il doit aussi être convenablement supporté et guidé.

On exécute les arbres presque exclusivement en acier mi-dur quelquefois, mais rarement, en fonte. Dans certains cas, ils sont entièrement usinés sur le tour, mais le plus souvent, on utilise les arbres en acier étiré (ou en acier comprimé), qui sont livrés polis et calibrés par les aciéries, en longueurs variant de 5 à 8 mètres, et de diamètres, à partir de 20 mm jusqu'à 100,150 et plus.

Les dimensions d'un arbre sont déterminées :

- *pour la longueur*, par le nombre et la disposition des machines à entraîner ; si la longueur le nécessite, on construit l'arbre par la réunion de plusieurs tronçons, à l'aide d'accouplements ;
- *pour le diamètre*, par des calculs qui relèvent de la Mécanique appliquée. La détermination du diamètre dépend d'une part, de l'effort à transmettre et de la vitesse de rotation et, d'autre part, du poids des organes, de la tension des courroies et de l'écartement des supports. Cet écartement doit être assez réduit pour éviter la flexion, mais assez grand pour ne pas multiplier le nombre de supports. En pratique, il varie de 2 m 50 à 4 m, suivant les diamètres et les charges.

On a normalisé les diamètres des arbres de transmission (CNM 117) ; il faut donc employer pour ces arbres l'un des diamètres suivants (Tableau I) :

TABLEAU I.– **Diamètres des arbres de transmission (en mm)**

Série principale	20	30	45	60	80	100	120	150
Série secondaire	25	35.40		70	90			

On a également fixé les vitesses des arbres de transmission (Tableau II, CNM 116) et on doit chercher à se rapprocher le plus possible des nombres de tours qui figurent dans ce tableau.

TABLEAU II. – **Vitesses des arbres de transmission**
(nombres de tours par minute)

25	64	160	400	1 000	2 500
32	80	200	500	1 250	3 200
40	100	250	640	1 600	
50	125	320	800	2 000	

On désigne les différentes parties d'un arbre suivant leur destination, et on distingue (fig. 2) :

- les *tourillons a*, qui sont les parties par lesquelles l'arbre s'appuie et tourne dans les paliers ;
- les *portées de calage b*, présentant des rainures de clavetage et destinées à recevoir les poulies, ou les roues ;
- le *corps de l'arbre* ou *fût c*, désignant d'une manière générale les régions situées entre les tourillons.

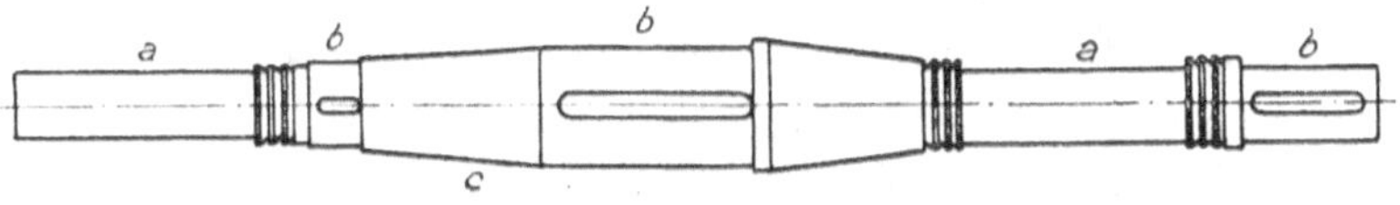

Fig. 2.

Les tourillons sont dits d'*extrémité* s'ils sont situés aux bouts des arbres (fig. 3) ; — *intermédiaires*, dans le cas contraire (fig. 4). En général, les tourillons ont un diamètre inférieur au corps de l'arbre, et leur longueur (ou portée) doit être assez grande pour que la charge sur la surface d'appui ne dépasse pas une certaine valeur, au-delà de laquelle les supports chaufferaient et pourraient gripper, le lubrifiant étant expulsé.

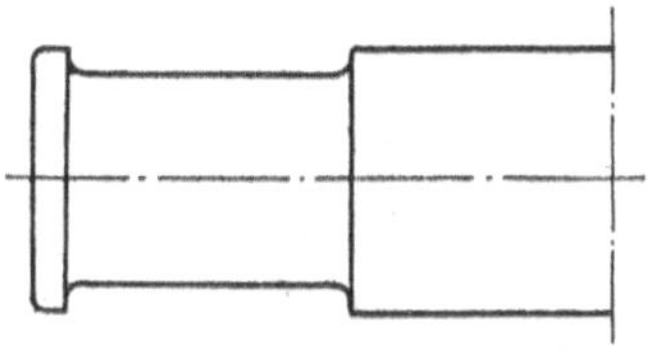

Fig. 3

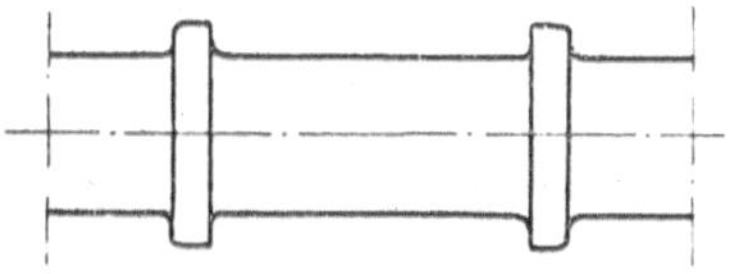

Fig. 4.

Au contraire, les portées de calage ont un diamètre supérieur, à cause de la présence des rainures de clavetage qui diminuent la section, et pour éviter toute déformation due à la flexion.

On raccorde les régions de diamètres différents par des *congés* de rayon suffisant, pour supprimer les brusques changements de section, qui compromettraient la solidité de l'arbre (fig. 5 - CNM 5009).

Les tourillons sont limités par des *embases* ou *collets* (fig. 4) qui empêchent l'arbre de se déplacer longitudinalement, en formant butée contre les joues des paliers. Sur l'un seulement des tourillons, les collets sont ajustés sans jeu sur le palier, de manière à permettre sur les autres la libre dilatation de l'arbre.

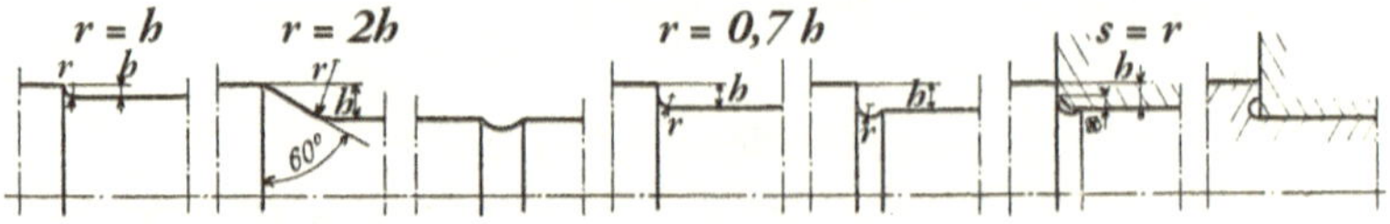

Fig. 5.

Les embases sont prises dans la masse sur les arbres tournés (fig. 4) ; pour les autres, elles sont constituées par des bagues rapportées, en une seule pièce, posées à chaud (fig. 6) ou fixées par vis de pression (fig. 7 et fig. 8) (CNM 5007 et 5008), — ou mieux, en deux pièces (fig. 9), ce qui facilite le montage des organes sur l'arbre ; dans le cas contraire, on est obligé de les construire en deux pièces.

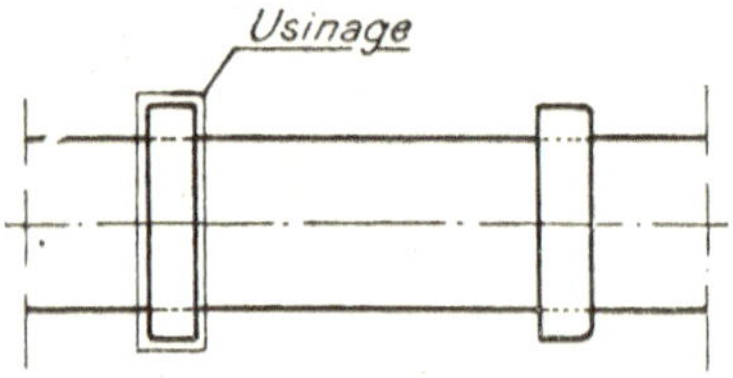

Fig. 6.

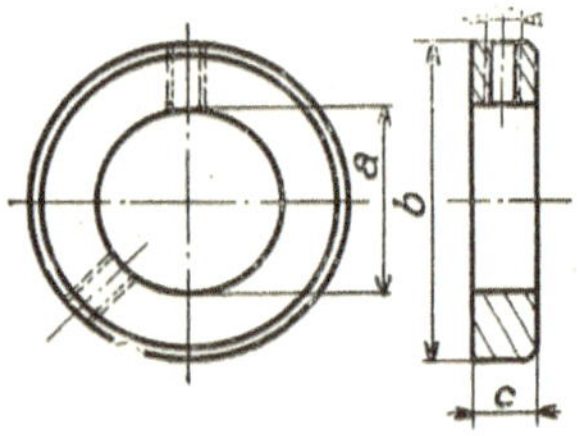

Fig. 7.

Les bagues rapportées sont toujours moins coûteuses que les collets pris dans la masse.

Pour les arbres supportant l'effort principal dans la direction de leur axe, on fait porter cet effort sur une butée placée en bout de l'arbre (fig. 10 à 12) et cette partie prend alors le nom de *pivot*, notamment dans les arbres verticaux ; le bout d'arbre

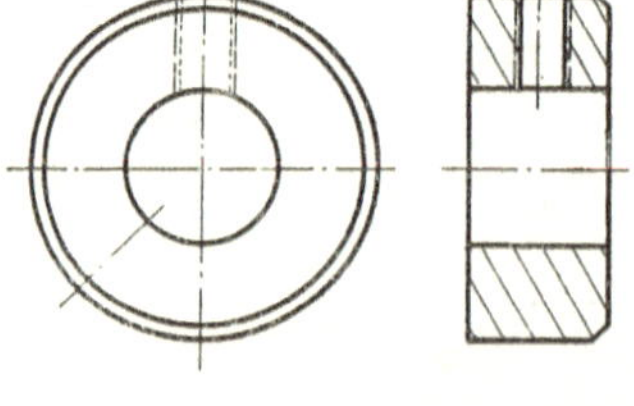

Fig. 8.

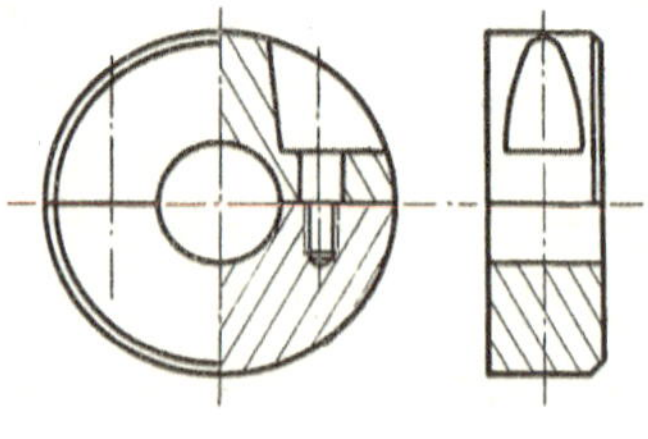

Fig. 9.

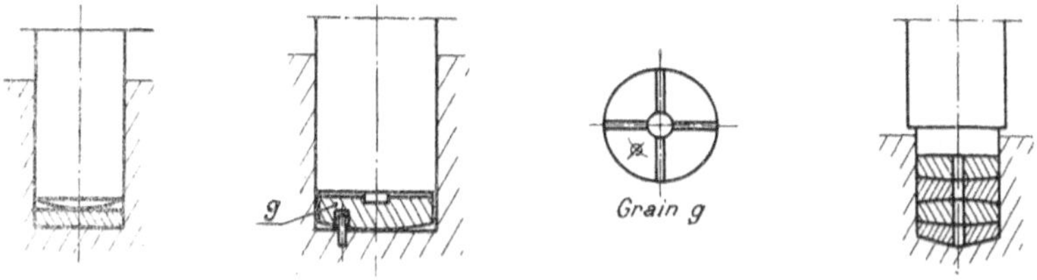

Fig. 10.

formant pivot est généralement trempé, pour éviter une usure trop rapide (fig. 10) ou mieux, le pivot est rapporté à l'extrémité de l'arbre (fig. 11).

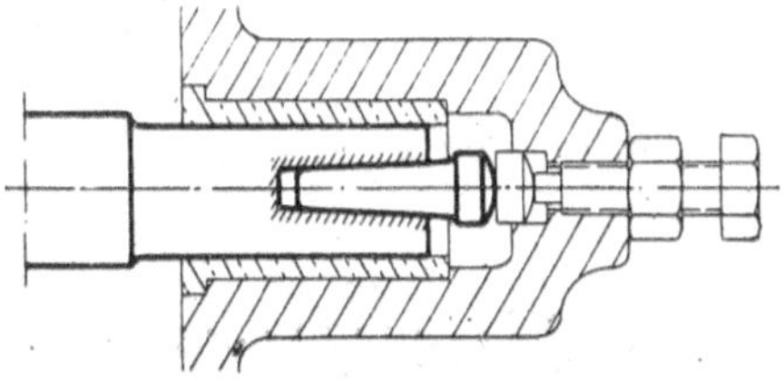

Fig. 11.

Lorsque l'arbre doit supporter une poussée axiale considérable, on le munit d'un tourillon cannelé (fig. 12), c'est-à-dire constitué par un certain nombre de collets placés côte à côte, le palier présentant des cannelures ou gorges correspondantes, de manière à répartir l'effort sur une très grande surface.

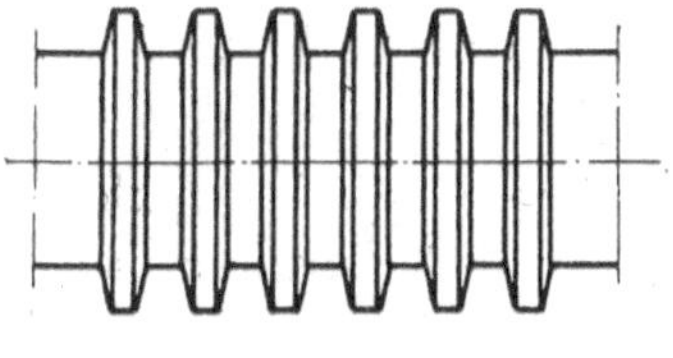

Fig. 12

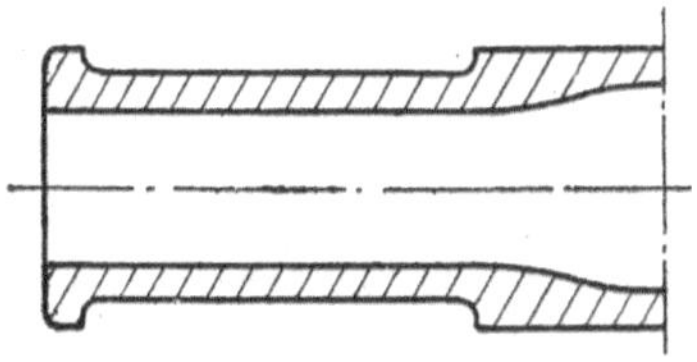

Fig. 13.

Enfin, on fait usage d'arbres creux (fig. 13), plus légers à résistance égale que les arbres pleins, lorsque l'arbre doit franchir un grand espace où l'on ne peut placer de support ; mais ces arbres sont d'exécution plus difficile et plus coûteuse : il faut les percer et le centrage ainsi que la fixation des tourillons rapportés, s'il y a lieu, sont délicats.

§ 2. — Différents types d'arbres

Au point de vue de leur fonction, on distingue : les arbres *moteurs*, les arbres de *transmission*, les arbres *spéciaux* (tels que ceux des machines-outils).

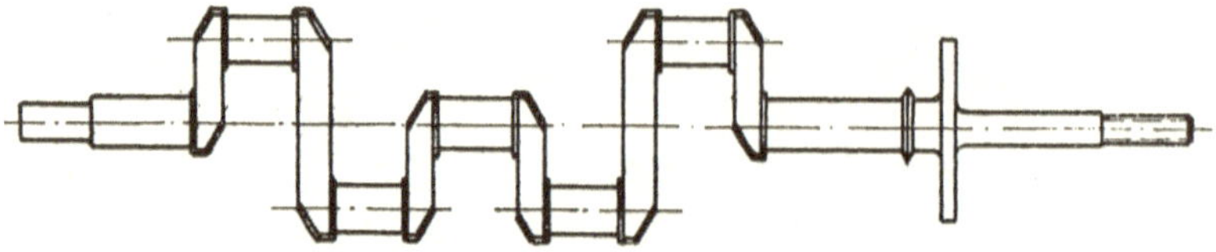

Fig. 14.

Les arbres *moteurs* sont ceux qui, dans les machines motrices, reçoivent et transmettent intégralement la puissance fournie par l'énergie utilisée (vapeur, électricité, etc.). Ces arbres sont, en général, très courts et fatiguent peu par flexion, mais surtout par torsion. Ils sont presque toujours horizontaux, sauf dans certains types de turbines hydrauliques (voir fig. 2 : *arbre d'alternateur*).

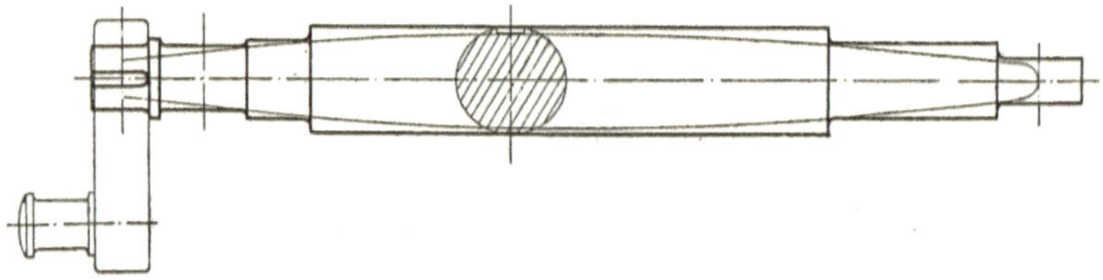

Fig. 15.

Dans les moteurs à gaz, l'arbre est coudé pour permettre le fonctionnement des bielles (fig. 14), ainsi que dans certaines machines à vapeur, lorsqu'on ne peut placer la manivelle en bout d'arbre ; dans tous les autres cas, ils sont droits (fig. 15).

À cause de leur importance et de leurs formes variées, les arbres moteurs sont entièrement usinés.

Les *arbres de transmission* ont été déjà décrits. Ils sont surtout caractérisés par leur grande longueur et leur diamètre uniforme (fig. 16 : *arbre de renvoi*).

Parmi les arbres spéciaux, ceux que l'on trouve sur les machines-outils sont particulièrement intéressants. Les arbres principaux de ces machines doivent, en effet, être non seulement

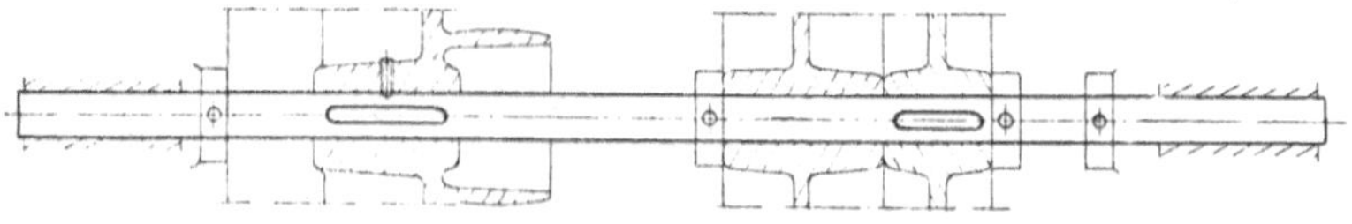

Fig. 16.

très résistants pour éviter toute déformation, mais encore usinés d'une façon parfaite et montés de telle sorte qu'ils ne puissent prendre aucun jeu sensible à l'usage, car de ces conditions dépend la précision du travail exécuté sur la machine.

En général, ces arbres, très courts, souvent creux, sont exécutés en acier dur trempé, pour réduire l'usure au minimum.

Pour prévenir le jeu transversal (fig. 17, broche de tour), les tourillons peuvent être cylindriques avec coussinets coniques à rattrapage de jeu, ou mieux, on fait les tourillons coniques de manière que, même après usure, la position de l'axe ne varie pas. L'exécution de deux tourillons coniques sur le même arbre étant assez difficile, on fait souvent le tourillon principal, celui qui fatigue le plus, conique, et l'autre cylindrique.

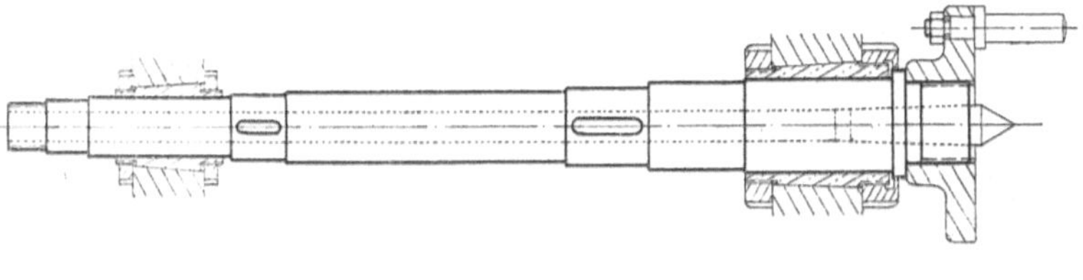

Fig. 17.

Pour prévenir le jeu longitudinal, on fait porter l'effort axial sur des butées.

La figure 18 montre la forme d'un arbre de roue hydraulique, en fonte.

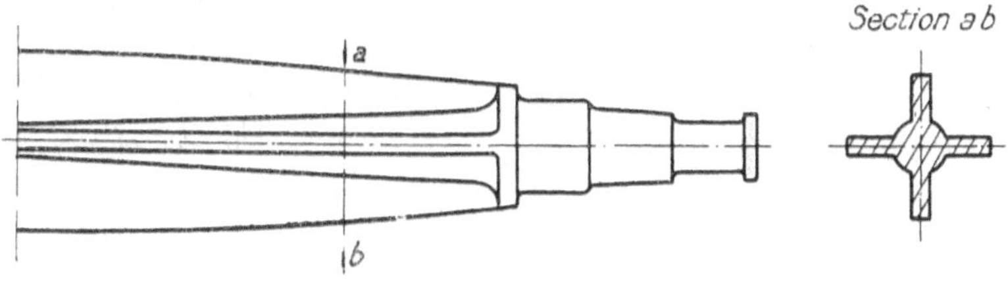

Fig. 18.

Arbres cannelés. — Les organes de transmission sont généralement fixés sur les arbres par clavetage, soit forcé (fig. 19), soit libre (fig. 20) (suivant norme CNM 118. Tableau III).

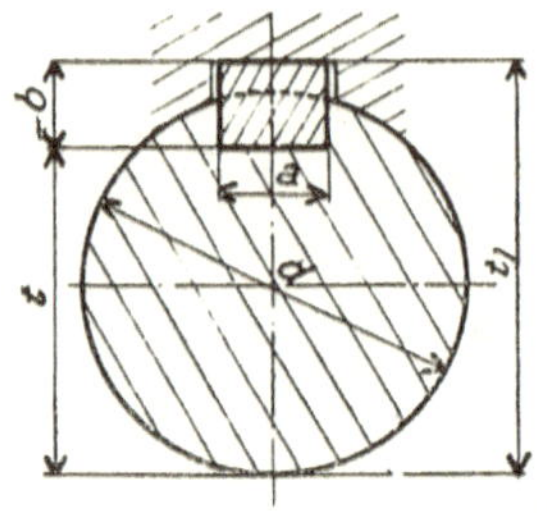

Fig. 19

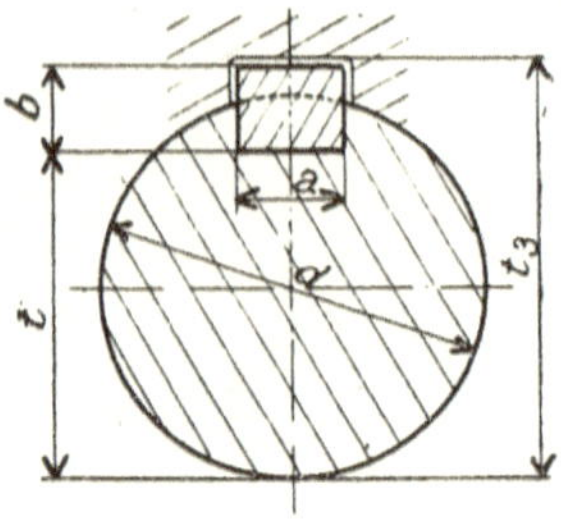

Fig. 20.

TABLEAU III. – **Clavetages sur arbres de transmission**

d	*a*	*b*	*t*	t_1	t_3
25	8	7	21	28	28,2
30	8	7	26	33	33,2
35	10	8	30	38	38,2
40	12	8	35	43	43,2
45	12	8	40	48	48,2
50	12	8	45	53	53,2
60	16	10	54	64	64,2
70	20	12	62,5	74,5	74,8
80	24	14	71,5	85,5	85,8
90	24	14	81,5	95,5	95,8
100	24	14	91,5	105,5	105,8
120	30	16	110,5	126,5	126,8
150	36	20	138	158	158,3

Lorsque l'organe doit pouvoir se déplacer en même temps le long de l'arbre, on emploie un clavetage coulissant ; mais si les manœuvres sont fréquentes et le travail pénible, ce clavetage prend du jeu, se mate et est vite mis hors d'usage.

On préfère dans ce cas, par exemple dans les boîtes de vitesses d'automobiles, employer des arbres cannelés sur toute la longueur nécessaire, la section des cannelures et leur nombre variant avec le diamètre de l'arbre et l'effort à transmettre, de 6 à 20, et les moyeux des organes coulissants étant également cannelés et ajustés sur l'arbre.

Les normes CNM 147 à 150 donnent les dimensions, en série courante et série forte, les tolérances d'ajustement et des exemples de calculs d'arbres cannelés (fig. 21).

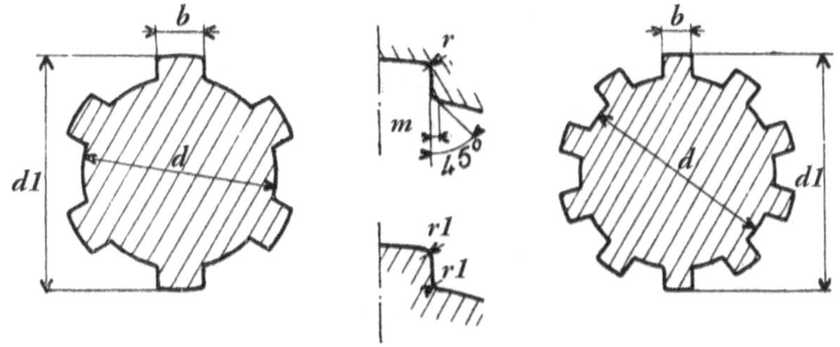

Fig. 21.

CHAPITRE II

ACCOUPLEMENTS DES ARBRES

Les *accouplements* sont des organes destinés à relier entre eux des tronçons d'arbres dont l'ensemble constitue une transmission. Suivant leur disposition et le but à remplir, on distingue :

1°. **les accouplements fixes** : les arbres sont invariablement liés ; la rotation de l'un entraîne la rotation de l'autre d'une manière rigide, sans que chacun puisse subir aucun autre déplacement que cette rotation autour d'un axe géométrique commun ;

2°. **les accouplements mobiles** : les arbres ont leur rotation liée invariablement, mais la position de leurs axes peut varier, les arbres pouvant subir certains déplacements l'un par rapport à l'autre ;

3°. **les accouplements élastiques** : les arbres ne subissent pas de déplacements, mais les vitesses peuvent subir des variations, l'une par rapport à l'autre, en général momentanées ;

4°. **les accouplements à embrayages,** qui permettent de rendre les arbres solidaires ou indépendants à volonté, l'accouplement qui résulte de l'embrayage pouvant être fixe ou élastique.

1. — Accouplements fixes

Les organes qui constituent les accouplements sont généralement désignés sous le nom de manchons. Ils sont de types très divers ; on cherche en général à leur donner la plus grande simplicité, le maximum de rigidité pour la liaison absolue des arbres et, dans la plupart des cas, la faculté d'être facilement démontables.

a) Manchon à douille (fig. 22).

Une douille en fonte est emmanchée mi-partie sur les extrémités des arbres, et fixée sur chacun par une clavette à talon. L'accouplement est très simple, mais il exige que les deux bouts d'arbres aient exactement le même diamètre, correspondant à l'alésage de la douille. De plus, il est d'un démontage difficile.

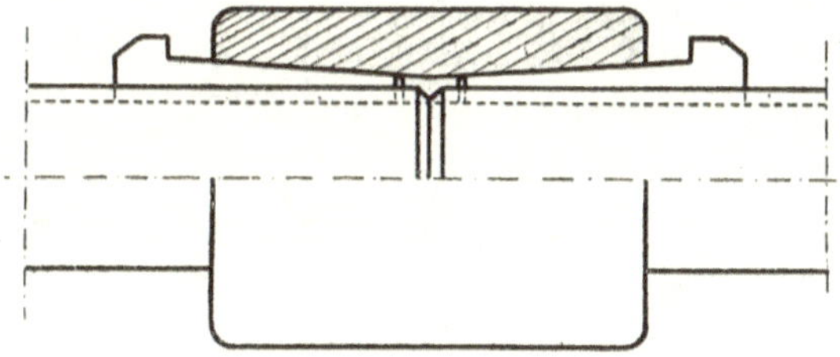

Fig. 22.

b) Manchon à coquilles (fig. 23)

La douille, en fonte, est en deux pièces ou *coquilles*, emboîtant les bouts d'arbres, et réunies par des boulons complètement noyés. Une seule clavette rend le manchon solidaire des arbres. Même inconvénient que le précédent, mais le démontage est

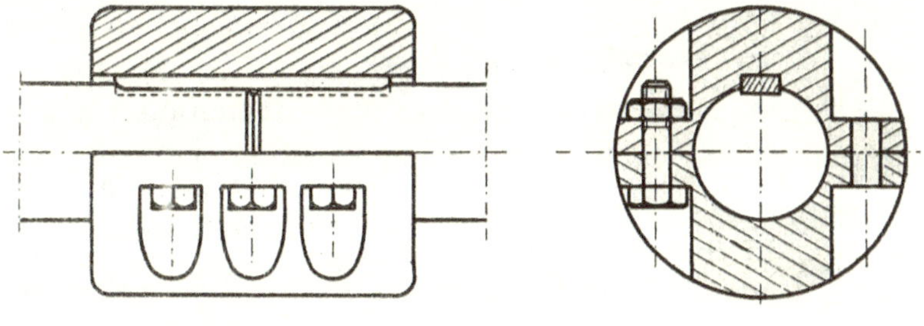

Fig. 23.

facile. On a normalisé (CNM 119) les longueurs de ces manchons (fig. 24, Tableau IV).

Tableau IV

d	l
25 30	110
35 40	130
45 50	180
60	200
70	240
80	270
90	300
100	340

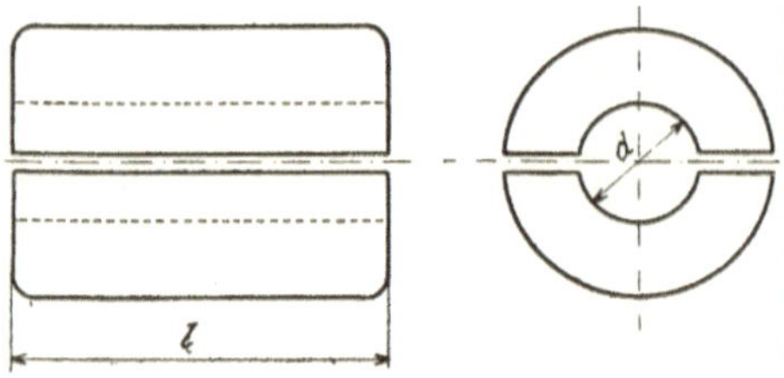

Fig. 24.

c) Manchon à frettes (fig. 25) :

Les deux coquilles ont leur surface extérieure bi-conique, et elles sont réunies par deux *frettes* emmanchées à force ou posées à chaud. La clavette est supprimée, les coquilles étant alésées à un diamètre légèrement plus faible que les arbres, et un certain jeu étant prévu entre les plans de joint.

Ce manchon est très résistant mais il demande un ajustage délicat, et son démontage est difficile.

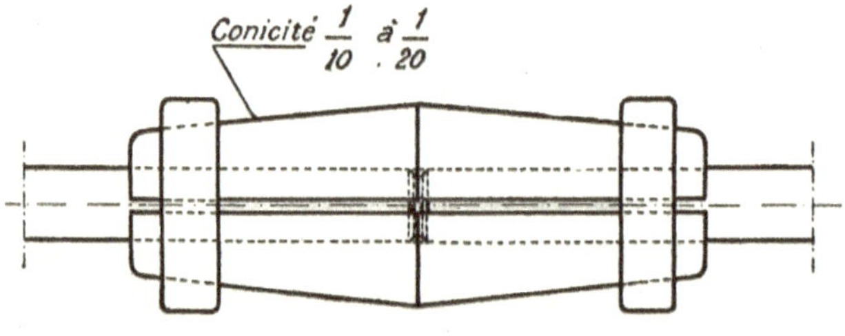

Fig. 25.

d) Manchon à coquilles fendues (fig. 26) :

On a remplacé les frettes par deux plateaux en fonte à alésage conique qui donnent un serrage énergique sur les coquilles par le moyen de boulons de liaison. Les coquilles sont rendues flexibles par des rainures pratiquées à mi-épaisseur (fig. 27), ce qui permet de tolérer sur les bouts d'arbres des diamètres légèrement différents.

On ajoute parfois une clavette. Ce manchon est très sûr, mais il est plus coûteux que le précédent.

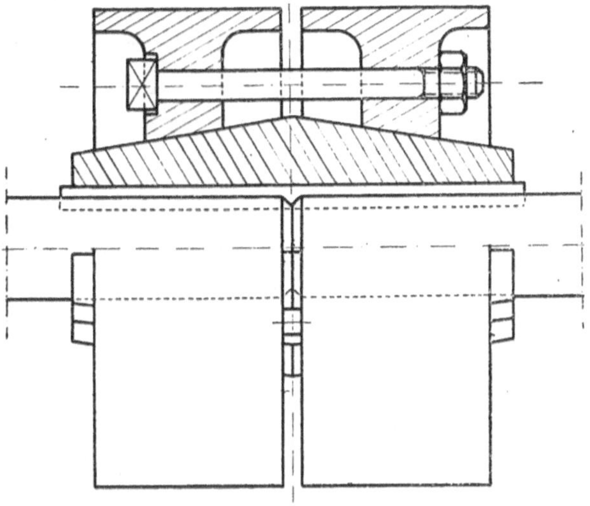

Fig. 26.

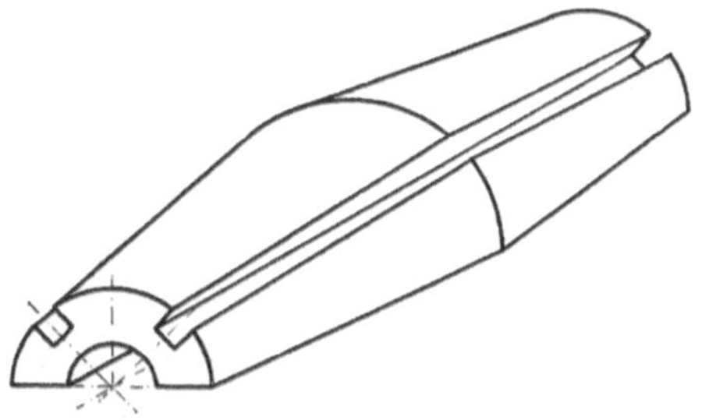

Fig. 27.

e) Manchon Sellers (fig. 28) :

Les coquilles sont remplacées par deux bagues tronconiques (fig. 29) et fendues, qui sont opposées par leurs petites bases à l'intérieur du manchon unique.

Trois boulons à tige carrée sont logés mi-partie dans des rainures du manchon et des bagues.

Le serrage des écrous tend à rapprocher les bagues et provoque leur coincement sur les bouts d'arbres, qui peuvent être légèrement différents. Ce manchon est d'un prix relativement élevé.

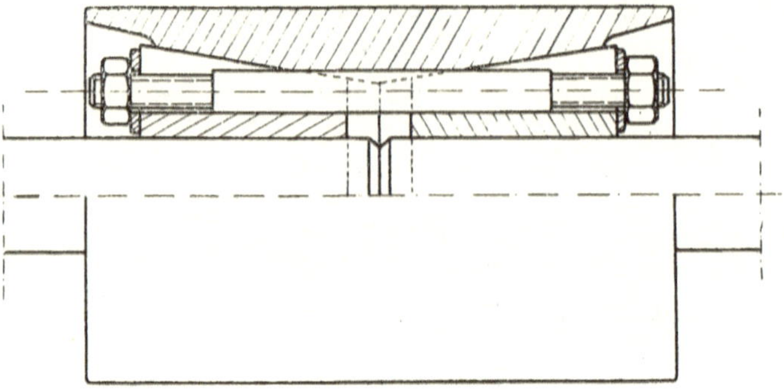

Fig. 28.

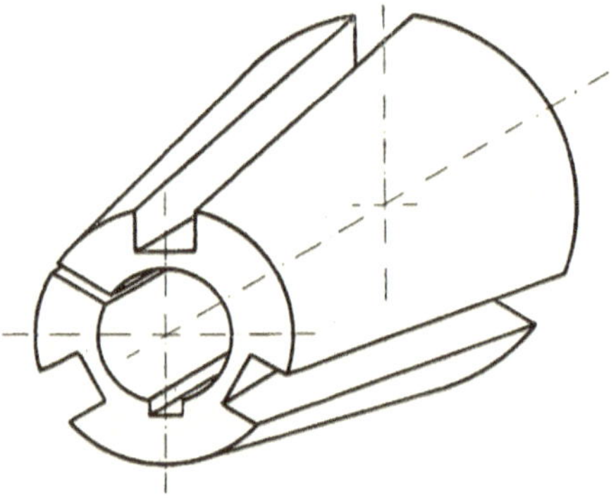

Fig. 29.

f) Manchon à plateaux (fig. 30) :

Deux plateaux en fonte sont emmanchés à force et clavetés sur les bouts d'arbres ; puis les plateaux sont réunis entre eux

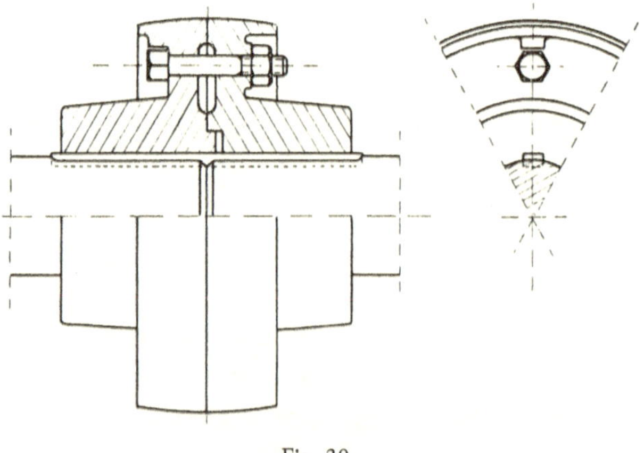

Fig. 30.

par des boulons. On munit le pourtour extérieur des plateaux d'un rebord de manière à masquer complètement les têtes des boulons et les écrous ; il y a lieu de prévoir aussi un embrèvement cylindrique pour le centrage des plateaux. Cet accouplement est d'un démontage très difficile, et sa présence impose des poulies en deux pièces sur l'arbre.

On a normalisé également (CNM 119) la longueur de ce manchon (fig. 31.

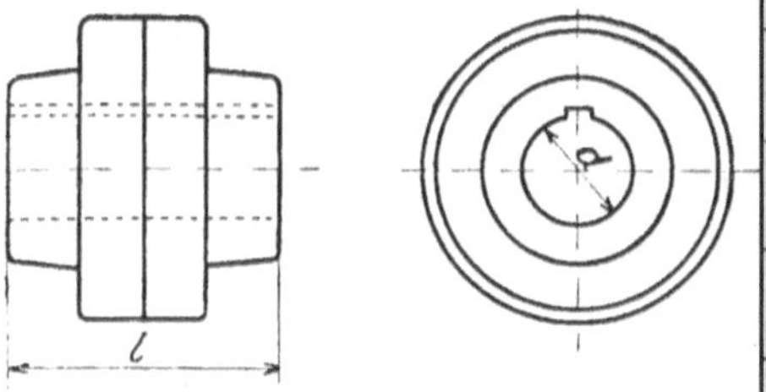

Fig. 31.

Tableau V

d	l
25 30	100
35 40	118
45 50	140
60	170
70	190
80	210
90	230
100	250
120 150	270

§ 2. — Accouplements mobiles

Les accouplements mobiles sont construits de manière à prévoir, pendant le mouvement de rotation des arbres réunis, certains déplacements de leurs axes l'un par rapport à l'autre, ce qui ne serait pas possible avec des accouplements fixes.

Les variations prévues peuvent être :

- un déplacement *longitudinal*, les axes restant en prolongement ;
- un déplacement *transversal*, les axes restant parallèles ;
- un déplacement *angulaire*, les axes restant concourants.

On peut d'ailleurs combiner ces déplacements, mais ils sont toujours d'assez faible amplitude.

A. — Déplacement longitudinal.

Manchon à griffes (fig. 32) dit de dilatation. — Ce manchon est utilisé lorsque les arbres réunis sont susceptibles de variations de longueur, par suite de dilatation.

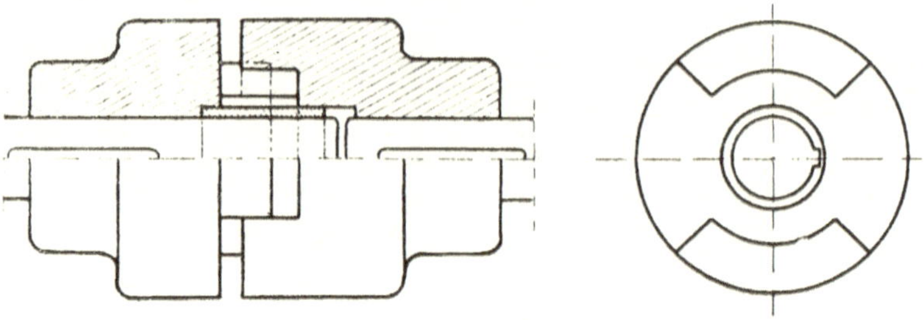

Fig. 32.

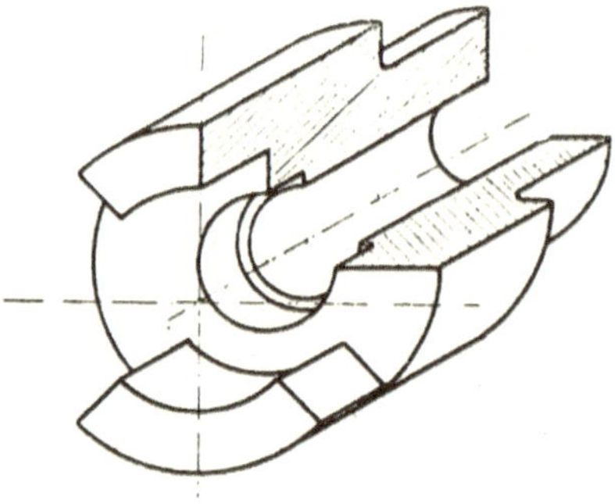

Fig. 33.

Il comprend 2 moyeux calés sur les bouts d'arbres et dont les faces en regard sont taillées en forme de *griffes* ou *dents* (fig. 33) séparées par des creux : les griffes de chaque moyeu pénètrent dans les creux de l'autre par ajustage à frottement doux, ce qui assure l'entraînement pour la rotation.

Un certain jeu est prévu entre le bout des griffes et le fond des creux pour permettre le déplacement longitudinal des arbres. Une bague en bronze maintient les deux bouts d'arbres centrés l'un par rapport à l'autre.

B. — Déplacement transversal.

Manchon d'Oldham (fig. 34). Il se compose de 3 plateaux, dont 2 (fig. 35), portant sur leurs faces en regard une rainure diamétrale, sont clavetés par leurs moyeux sur les bouts d'arbres.

Le troisième (fig. 36) est ajusté à frottement doux par 2 languettes situées sur ses faces, suivant 2 diamètres perpendiculaires, entre les deux premiers.

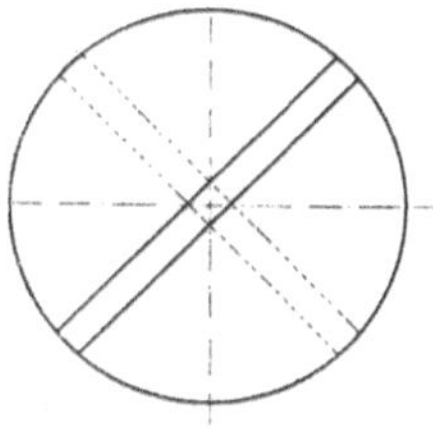

Fig. 37.

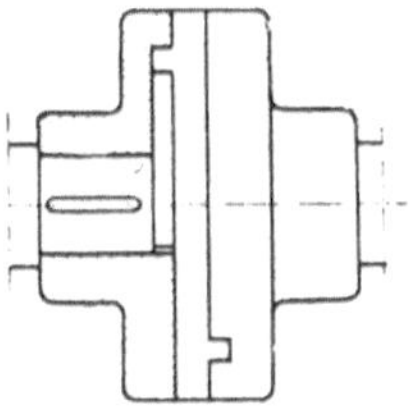

Fig. 34.

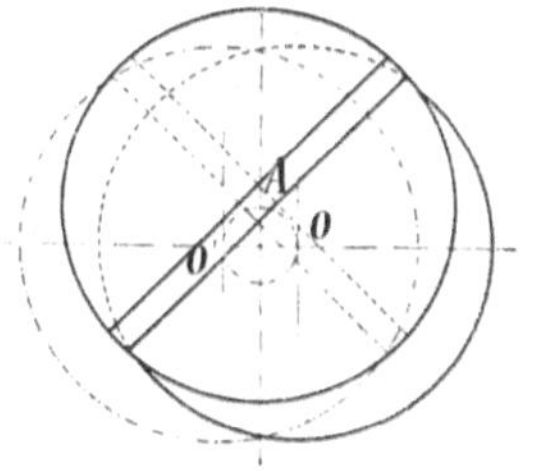

Fig. 38.

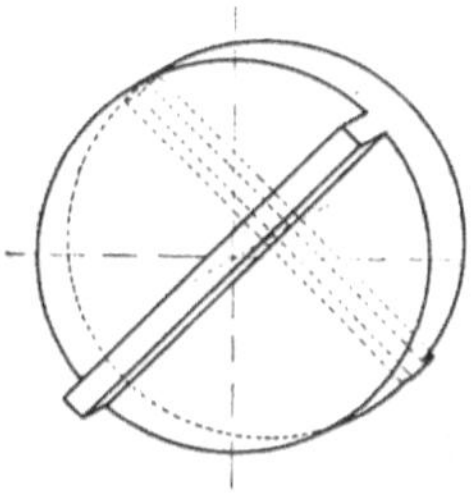

Fig. 36.

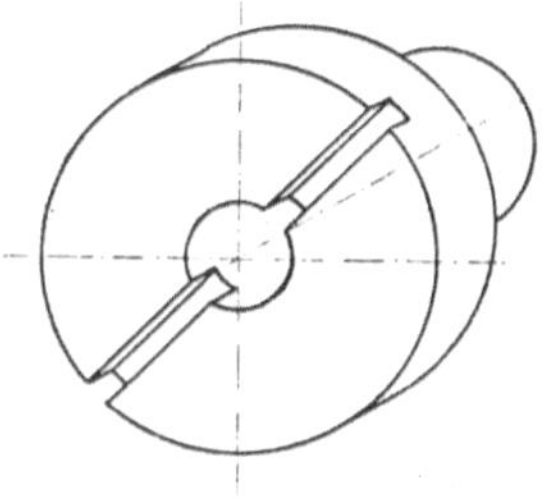

Fig. 35.

Si les axes des arbres sont en prolongement (fig. 37) tout se passe comme dans un manchon à griffes, mais si l'un des axes vient en *o*' (fig. 38) l'autre restant en *o*, les deux arbres restant parallèles, le centre du disque intermédiaire vient en A, à cause de ses languettes qui sont perpendiculaires, et il décrit le cercle de diamètre *oo*' qu'il parcourt deux fois pour 1 tour des arbres, en glissant sur ses languettes. On montre, en Cinématique, que le mouvement est transmis d'une manière uniforme.

C. — Déplacement angulaire.

Joint de Cardan. — Les accouplements qui permettent des variations angulaires dans la position des arbres réunis sont construits sur le principe du joint de Cardan. Ce joint, dit à articulation, très répandu, se compose (schéma fig. 39) d'un croisillon C dont les quatre bras se terminent par des tourillons *t*, pris deux à deux dans les branches de deux fourches F, montées sur les bouts d'arbres.

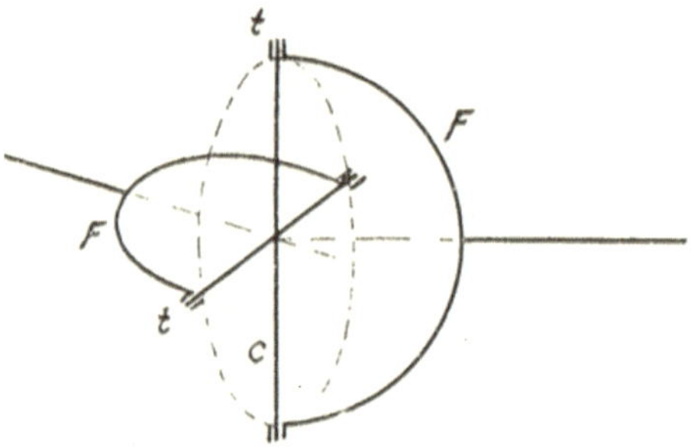

Fig. 39.

La rotation de l'un des arbres entraîne la rotation de l'autre par l'intermédiaire des fourches et du croisillon, on le conçoit aisément, si les arbres sont en prolongement l'un de l'autre.

Mais si l'un des arbres vient à faire un certain angle avec le premier, l'entraînement a encore lieu, car tout se passe comme si les arbres étaient terminés par des manivelles *m* (fig. 40) dont les plans seraient à 90° et les manetons reliés par un bras *b* courbé suivant un quart de cercle de centre *o* ; en effet, les quatre tourillons sont situés sur la sphère de centre *o*, et le croisillon oscille autour de ce centre en tournant dans les fourches.

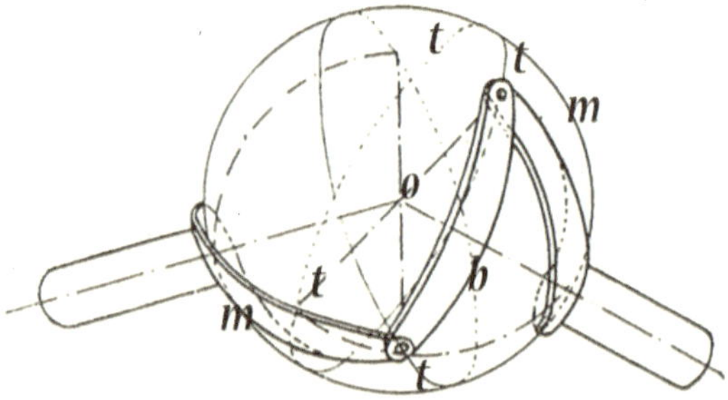

Fig. 40.

On montre, en Cinématique, que si le mouvement de l'arbre moteur est uniforme, celui de l'arbre conduit est périodiquement varié pendant chaque tour, les deux arbres faisant évidemment un tour dans le même temps : la vitesse de l'arbre conduit varie donc quatre fois dans un tour. Et ceci doit faire rejeter le joint de Cardan lorsque le mécanisme récepteur doit avoir une vitesse constante. D'ailleurs, en pratique, l'angle des arbres ne peut pas prendre n'importe quelle valeur ; si, par exemple, on suppose que l'un des arbres soit à 90° sur l'autre, on conçoit que la rotation ne sera pas possible.

Du reste, l'effort transmis tend à tordre les tourillons du croisillon, et cette torsion devient d'autant plus importante que l'angle des arbres diminue. On admet qu'il ne faut pas descendre au-dessous de 135°, sinon la transmission est défectueuse.

Types usuels de joints de Cardan

1. Manchon flexible (fig. 41).

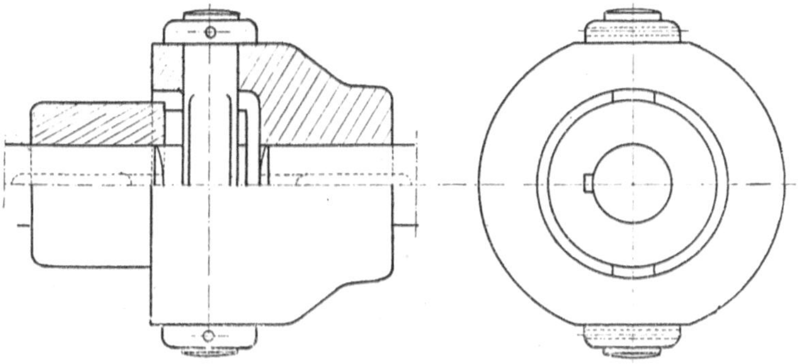

Fig. 41.

Les fourches sont remplacées par deux manchons pénétrant librement l'un à l'intérieur de l'autre, et clavetés sur les bouts d'arbres. Une traverse cylindrique, portant deux plats dans sa partie moyenne, est maintenue sur le manchon extérieur dans lequel elle peut tourner autour de son axe. Elle traverse à frottement doux une entaille du manchon intérieur (fig. 42), par ajustage sur ses plats. Ce manchon est utilisé pour parer aux légères déformations que peuvent subir les arbres pendant la marche, l'accouplement étant ainsi flexible.

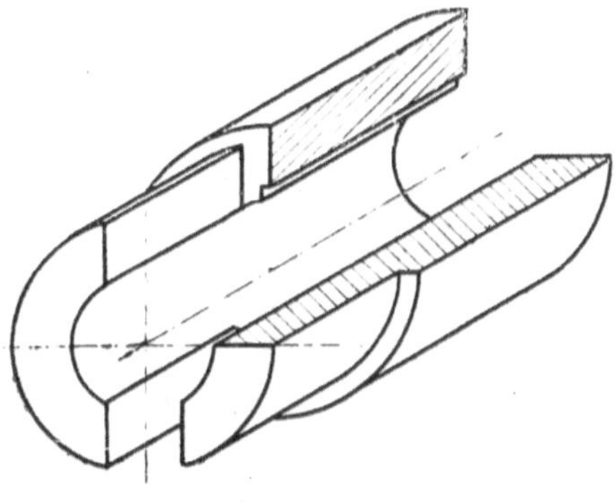

Fig. 42.

La norme CNM 5005 donne les dimensions de fixation des joints de Cardan pour faibles efforts.

2. Joint pour machines agricoles (fig. 43).

Le croisillon est une noix liée aux fourches par 2 boulons passant l'un à côté de l'autre, leurs axes ne pouvant être situés dans le même plan, d'où une certaine irrégularité dans la marche, due à ce désaxage.

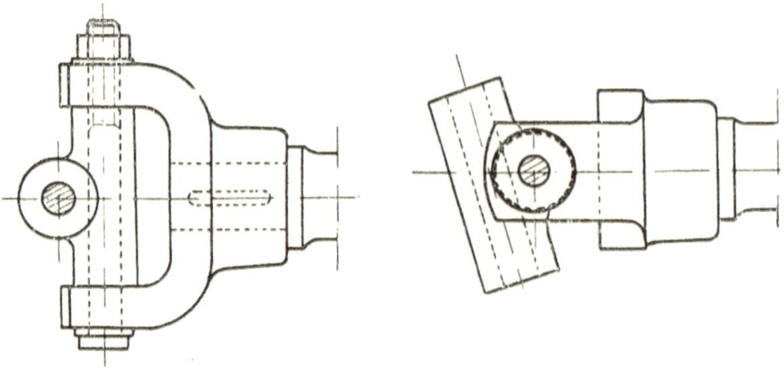

Fig. 43.

3. Joint de Cardan à croisillon (fig. 44).

Le croisillon *a* porte dans les fourches *b* par des bagues en bronze à profil extérieur carré ; pour que le montage soit possible, les fourches sont munies de chapeaux *c* qui maintiennent les bagues en place, à la manière de paliers. Ce joint est assez lourd.

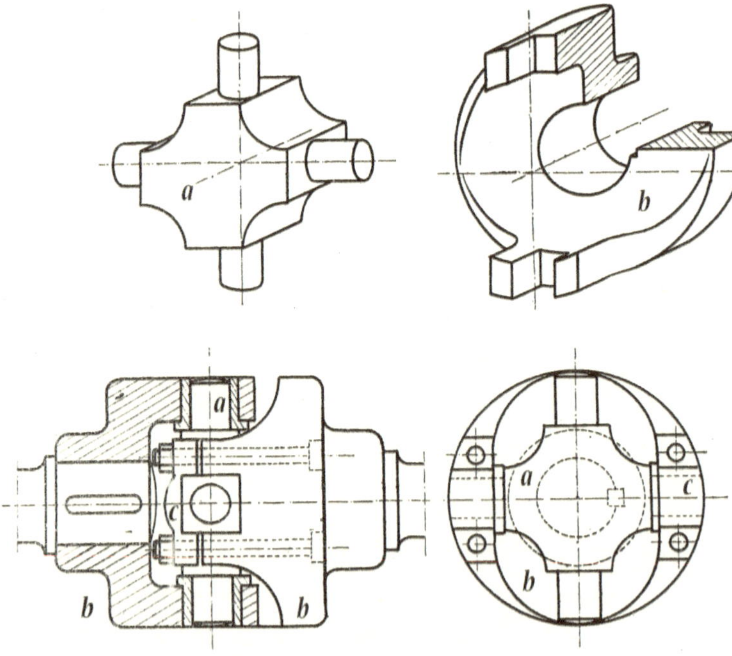

Fig. 44.

4. Joint de Cardan à couronne (fig. 45).

Ce sont les fourches *a* qui portent les tourillons, le croisillon étant supprimé. Une couronne relie les 4 tourillons, avec interposition de bagues en bronze. La couronne est en deux pièces pour permettre le montage. Ce joint est plus léger que le

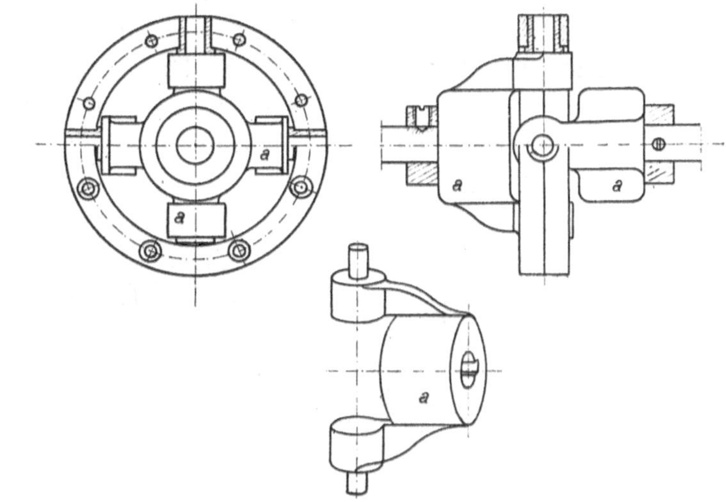

Fig. 45.

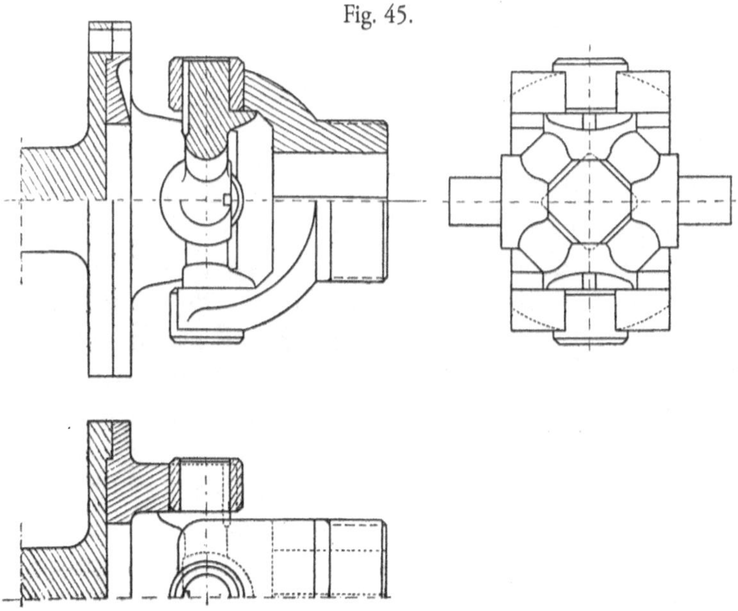

Fig. 46.

précédent. On l'allège encore, sur les gros arbres, en faisant venir les fourches de la même pièce avec les arbres.

5. Joint de Cardan d'automobiles (fig. 46, type à croisillon).

Pour diminuer le poids et l'encombrement, les fourches et le croisillon sont en acier spécial très dur, et obtenus par matriçage ou estampage. On a supprimé les chapeaux, en faisant des fourches ouvertes suivant une corde qui laisse passer le tourillon, et on introduit ensuite la bague par bout à force dans la fourche.

Figure 47 : autre type à couronne.

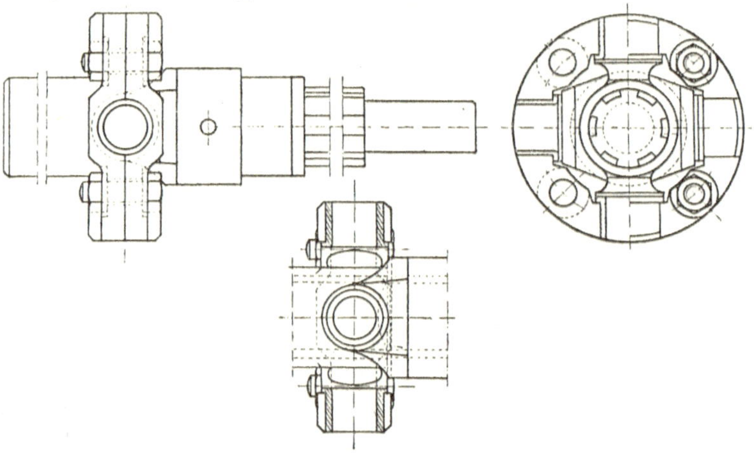

Fig. 47.

Joint de Hooke.

Pour pouvoir utiliser le joint de Cardan lorsque l'angle des arbres est inférieur à 135°, on fait usage du dispositif dit à *double joint de Hooke* (schéma fig. 48). Il est constitué par un arbre intermédiaire relié à ses deux extrémités aux bouts d'arbres principaux par des joints de Cardan : chacun d'eux permettant une variation angulaire allant jusqu'à 135°, la transmission peut avoir lieu entre deux arbres faisant entre eux jusqu'à 90°. L'arbre intermédiaire est dit *suspendu*, car étant donné son mouvement qui fait varier

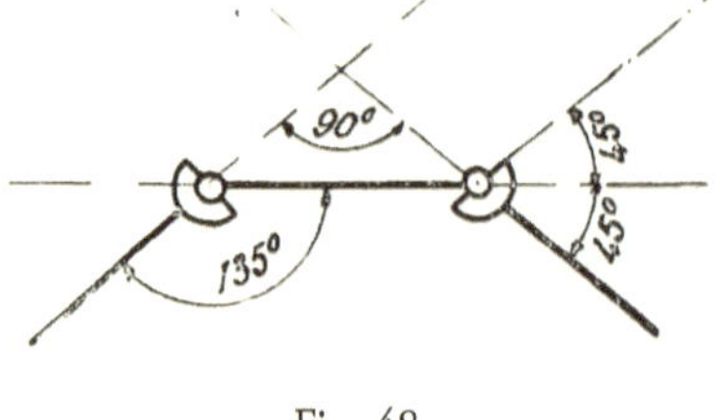

Fig. 48.

sa position à chaque instant, il ne peut être maintenu par aucun support.

Le *Manchon de Goubet* (fig. 49) constitue une application particulière du joint de Hooke dans laquelle l'arbre intermédiaire ne comporte juste que les deux fourches, se réduisant ainsi à un étrier double (fig. 50).

Sur les branches de chaque fourche de cet étrier sont rapportés des tourillons *t*, dirigés vers l'intérieur, qui maintiennent, dans chaque fourche, un demi-collier *c* pouvant tourner autour de leur axe. Sur chaque bout d'arbre est fixée, par les vis de pression

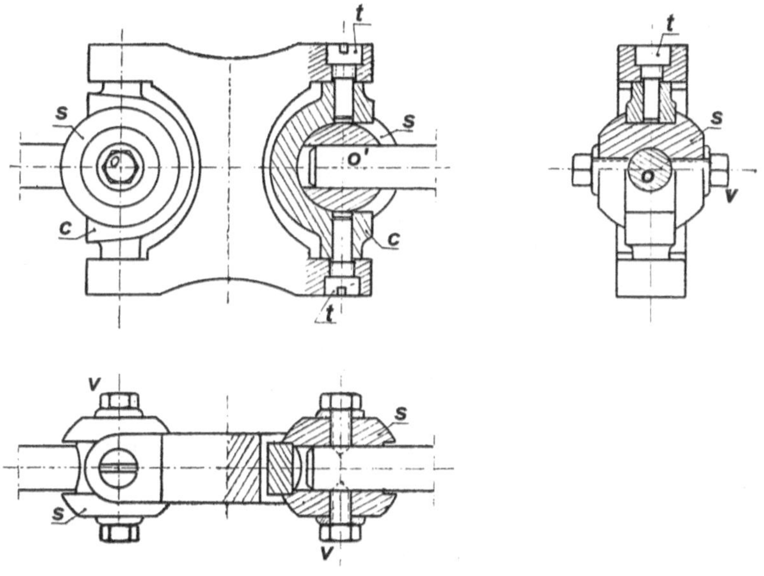

Fig. 49.

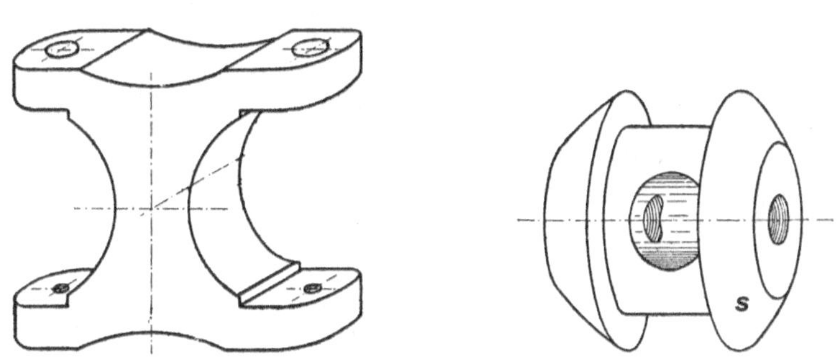

Fig. 51.

v, une pièce sphérique *s*, comportant une gorge cylindrique (fig. 51) ajustée sur le collier *c* correspondant.

L'axe de chaque arbre peut donc, grâce à cette disposition, prendre n'importe quelle position autour du centre *o* de *s*, ce centre se trouvant sur l'axe commun aux tourillons *t*, et la forme sphérique permettant le libre passage des pièces *s* à l'intérieur des fourches. Il est cependant nécessaire, au montage, que les axes des arbres fassent des angles égaux avec l'axe *oo'* de l'étrier et soient situés dans un même plan.

Le ***Joint universel de Clémens*** (fig. 52) permet également la transmission du mouvement entre deux arbres concourants, sous un angle qui peut être inférieur à 90°.

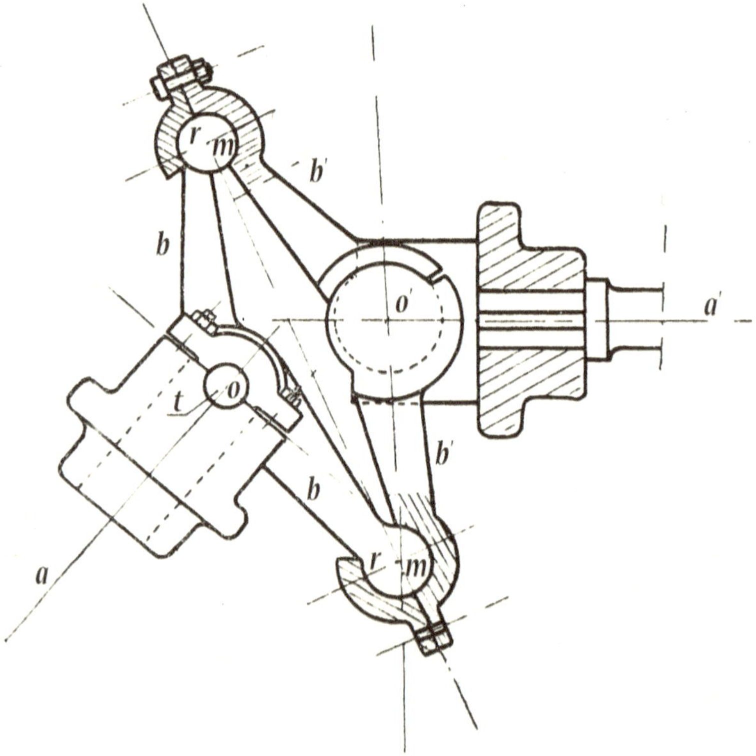

Fig. 52.

À cet effet, les fourches clavetées sur les bouts d'arbres portent un tourillon *t* qui reçoit deux bras articulés l'un sur l'autre à charnière. Les quatre bras *b, b'*, de même longueur, ont leurs extrémités réunies 2 à 2 par des rotules *r*. La rotation de l'arbre *oa* entraîne celle des bras *b*,*b*, mais comme les longueurs des bras sont fixes, ces bras tournent en même temps autour de *o* ; le triangle fictif *omo*' étant indéformable, le bras *b*' est entraîné à tourner de manière que ce triangle tourne autour de *oo*' qui est fixe ; les bras, *b*, *b*' restent symétriques par rapport au plan *mm*' perpendiculaire au milieu de *oo*'. Il en résulte une rotation des bras *b*' autour de *o*' et de *o*'*a*', telle que la rotation de l'axe *o*'*a*' est symétrique de celle de *oa*. Les deux arbres tournent donc avec la même vitesse.

On démontre en Cinématique la même propriété pour le double-joint de Hooke, le mécanisme restant symétrique par rapport au plan perpendiculaire au milieu de l'arbre intermédiaire. On montre que le second joint corrige les variations de vitesse dues au premier, de sorte que les arbres principaux tournent bien à la même vitesse. Cette propriété supprime donc l'inconvénient du joint de Cardan, signalé précédemment.

§ 3. — Accouplements élastiques

Pour réunir deux arbres dont l'un peut être sujet à subir des variations de vitesse brusques, par suite notamment de modifications des résistances, il y a intérêt à assurer une certaine élasticité dans l'entraînement, la présence d'un accouplement rigide pouvant causer la rupture d'organes importants des machines reliées.

Ce genre d'accouplement est dit élastique, l'entraînement y étant assuré par interposition d'organes en matières élastiques : cuir ou caoutchouc, en général, ou de ressorts.

Accouplements à broches.

Le type le plus simple est l'accouplement à broches, que l'on rencontre sous deux formes.

1° (fig. 53). Les deux plateaux calés en bout d'arbres portent chacun deux ou plusieurs broches qui s'engagent dans des trous percés dans un disque intermédiaire formé de rondelles de cuir collées ensemble. Ce montage est très simple et très usité pour la transmission de faibles efforts.

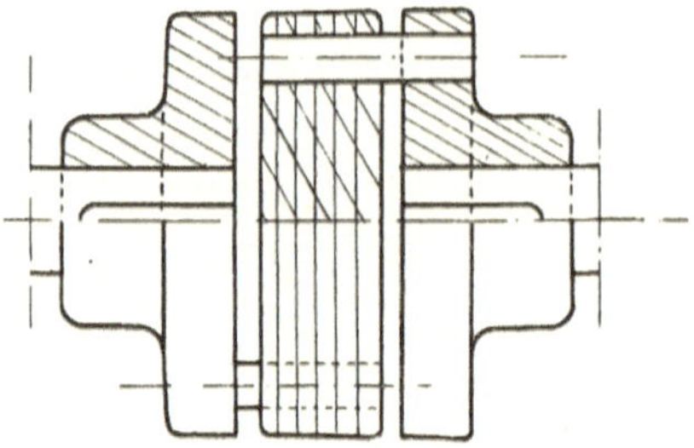

Fig. 53.

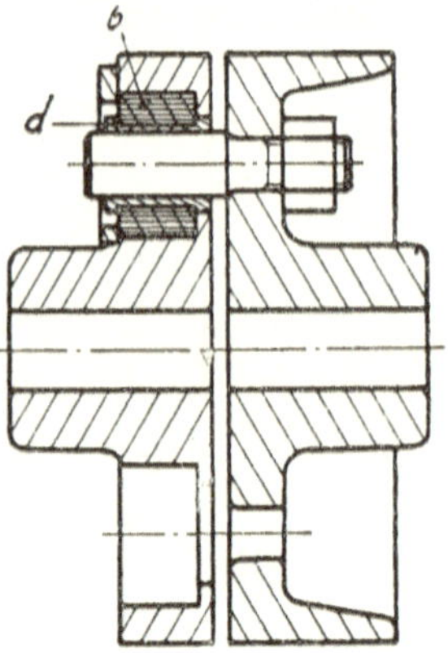

Fig. 54.

2° (fig. 54). Les broches, portées par l'un des plateaux seulement, s'engagent dans les trous de l'autre plateau, garnis d'une bague en caoutchouc *b* montée sur une douille en bronze *d*, destinée à mieux répartir la pression du doigt sur le caoutchouc, de manière à lui permettre une plus longue durée.

Accouplement Raffard (fig. 55).

Les deux plateaux, de diamètres différents, portent chacun un même nombre de doigts disposés sur deux cercles concentriques tels qu'un rang de chevilles passe librement à l'intérieur de l'autre. Des anneaux en caoutchouc *a* relient les doigts deux à deux,

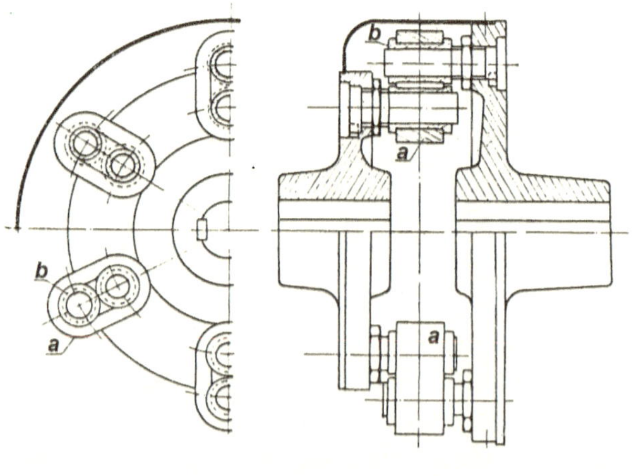

Fig. 55.

ceux-ci étant munis de douilles en bronze *b*. Au démarrage, les anneaux se tendent jusqu'à ce que l'arbre conduit soit entraîné en marche, ils amortissent les effets des changements brusques de vitesse.

Accouplement Zodel (fig. 56).

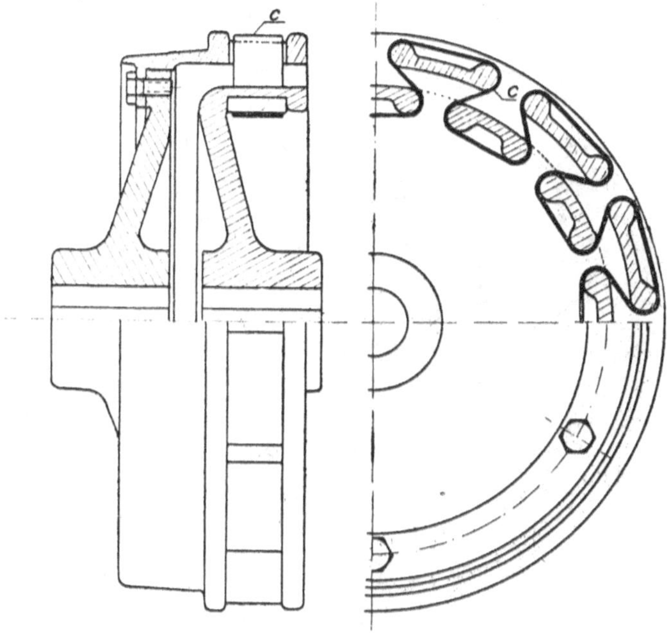

Fig. 56.

Les deux plateaux, de diamètres différents, ont une forme qui leur permet d'être montés à l'intérieur l'un de l'autre ; les jantes, situées, dans le même plan moyen, sont percées d'un même nombre d'ouvertures rectangulaires à bords arrondis. Une courroie *c*, en coton, cuir souple ou caoutchouc, relie les deux jantes en passant de l'une à l'autre par les ouvertures, comme le montre la figure.

Les extrémités de la courroie, bien tendue, sont cousues ensemble. Là aussi, l'élasticité de la courroie amortit les variations de régime.

Ces accouplements ont l'avantage, en général, d'isoler les arbres l'un de l'autre, au point de vue électrique.

Accouplements à ressorts.

Dans ces appareils, l'entraînement a lieu par l'intermédiaire de ressorts, dont l'élasticité assure une grande souplesse à la transmission du mouvement d'un arbre à l'autre.

Dans le type de la figure 57 chaque plateau calé en bout d'arbre porte sur sa face deux tenons diamétralement opposés, en saillie sur le plateau, et formant cuvette.

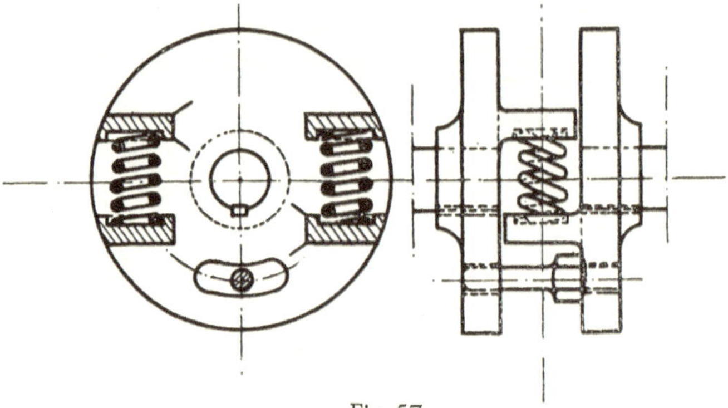

Fig. 57.

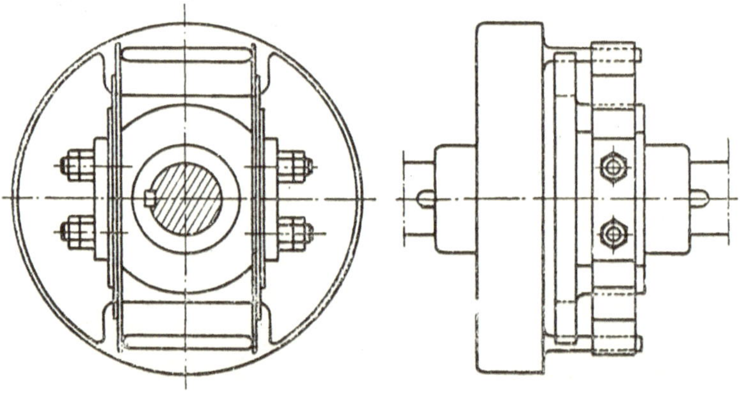

Fig. 58.

Deux ressorts à boudin sont placés entre chaque paire de tenons. Pour limiter l'aplatissement des ressorts, l'un des plateaux porte un toc passant dans un trou ovalisé de l'autre plateau. Ce toc assure l'entraînement en fin de course des ressorts.

Dans le type de la figure 58 le plateau de gauche porte deux tenons engagés dans deux échancrures plus larges du plateau de droite, et aussi entre deux paquets de ressorts à lames fixés par boulons sur le moyeu de ce plateau. L'entraînement a donc lieu d'abord par action sur les ressorts, puis par butée des tenons dans les échancrures du plateau. En cas de variation dans le régime de l'un des arbres, la présence des ressorts permet d'amortir cette variation et d'éviter les chocs.

§ 4. — Accouplements à débrayage ou embrayages

Les embrayages sont des appareils qui permettent, à volonté, d'accoupler deux arbres dont l'un est moteur, ou de les séparer par une manœuvre simple, pendant la marche, pour obtenir l'arrêt de l'arbre conduit, sans que l'arbre moteur cesse de tourner.

L'utilité des embrayages résulte :

1°. de la *commodité* qu'ils apportent dans le service ;

2°. de l'*économie* qu'ils procurent : on évite une perte de puissance dans la partie de la transmission arrêtée qui tournerait à vide, et la perte de temps qui résulterait de la nécessité d'arrêter toute la transmission pour exécuter une manœuvre n'intéressant qu'une de ses parties ;

3°. de l'augmentation de la *sécurité* : en cas d'accident, l'arrêt est beaucoup plus rapide dans la région où il s'est produit.

On place de préférence ces accouplements sur des arbres en prolongement, ou sur des arbres parallèles. Leur fonction primordiale est de provoquer la mise en marche ou l'arrêt d'une fraction de la transmission, mais on peut avoir, en même temps, à changer le sens de rotation, ou la vitesse, ce qui donne lieu à d'autres appareils, plus compliqués que ceux que nous allons étudier.

En général, pour obtenir le *débrayage*, il suffit de séparer les deux organes dont l'accouplement assure l'entraînement : cette manœuvre se réalise toujours sans difficulté presque instantanément.

Pour l'*embrayage*, au contraire, on demande à un groupe d'organes au repos de prendre, dans un temps très court, la vitesse des organes déjà en mouvement. On conçoit que si l'embrayage a lieu brusquement, il se produira des chocs dans le mécanisme, à moins que l'on ait prévu un dispositif évitant l'embrayage brusque.

D'où la distinction en :

- *appareils à entraînement absolu* (1er cas),
- *appareils à entraînement progressif* (2e cas).

A. — Embrayages à entraînement absolu.

Dans ce genre d'accouplement, l'entraînement a lieu par butée des surfaces d'un organe solidaire de l'arbre moteur sur celles d'un autre fixé sur l'arbre conduit. Ce dernier organe est mobile sur l'arbre qui le porte, de manière à obtenir le débrayage en l'écartant du premier, pour dégager les surfaces en contact.

Ces appareils s'emploient, en général, pour des vitesses peu élevées. On les divise en deux groupes : les *embrayages à griffes* et les *embrayages à verrous.*

1er type : Embrayage à griffes (fig. 59).

C'est un accouplement par manchons à griffes (ou à dents). Le manchon porté par l'arbre moteur est fixe, son clavetage forcé étant invariable ; l'autre manchon, fixé par clavetage coulissant, est mobile le long de l'arbre conduit, qui comporte généralement deux clavettes opposées, pour mieux résister aux chocs au moment de l'embrayage.

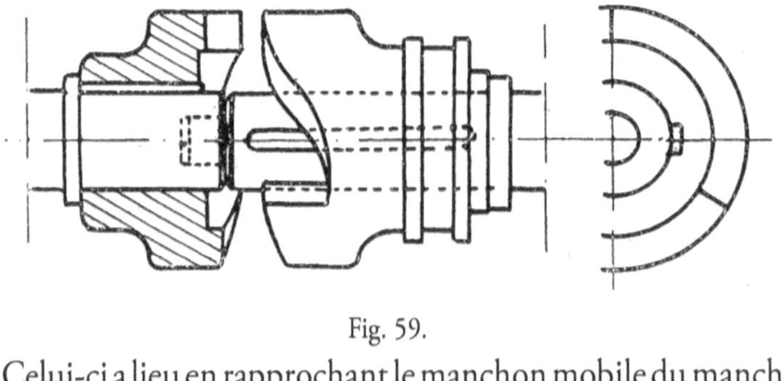

Fig. 59.

Celui-ci a lieu en rapprochant le manchon mobile du manchon fixe jusqu'à ce que les dents de l'un soient complètement engagées dans les creux de l'autre, Le débrayage a lieu par la manœuvre inverse.

Le nombre de dents est déterminé en tenant compte de l'effort à transmettre et de la pression unitaire que peut supporter la matière. Pour des efforts élevés, on prend 3 ou 4 dents très résistantes et assez écartées pour pouvoir intercaler entre elles une surface de raccordement qui, en facilitant la prise, diminue les chocs.

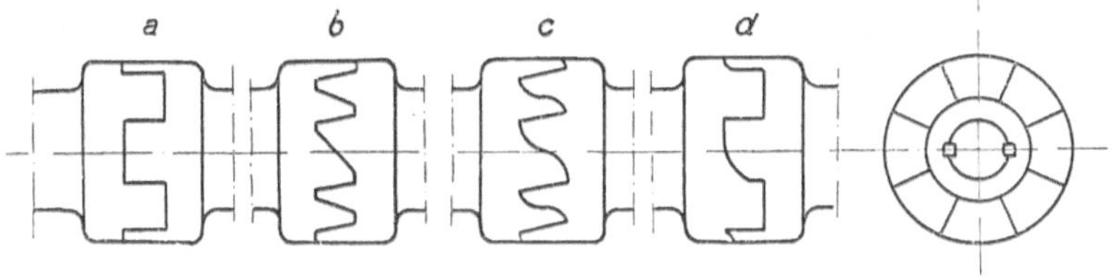

Fig. 60.

La forme des dents varie suivant que l'on prévoit (fig. 60) :

- l'embrayage à l'arrêt (ou à très faible vitesse) ;
- l'entraînement dans un seul sens ;
- un seul sens de rotation, denture plus robuste ;
- les deux sens de rotation.

Fourches de débrayage. – Pour la manœuvre du manchon mobile, on utilise une fourche dont les extrémités s'engagent dans la gorge circulaire prévue sur ce manchon (fig. 61).

L'usure des parties frottantes finissant par causer un certain retard au débrayage, on munit souvent les branches de la fourche de petits coulisseaux carrés (fig. 61 a) ou de galets ronds en acier trempé, montés sur tourillons.

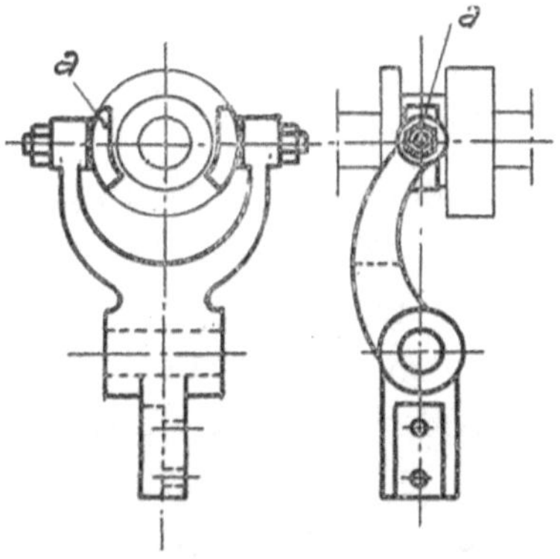

Fig. 61.

2e type : Embrayage à verrous (fig. 62).

L'entraînement est produit ici par introduction de doigts ou verrous V dans les ouvertures correspondantes du plateau P calé sur l'arbre conduit. Pour éviter le clavetage coulissant habituel, qui prend toujours du jeu par les manœuvres répétées,

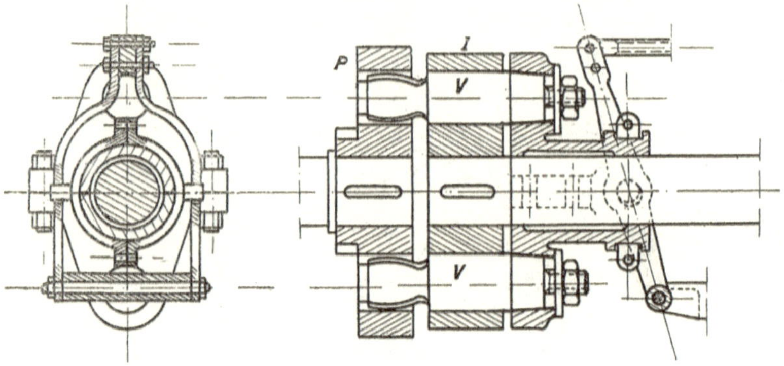

Fig. 62.

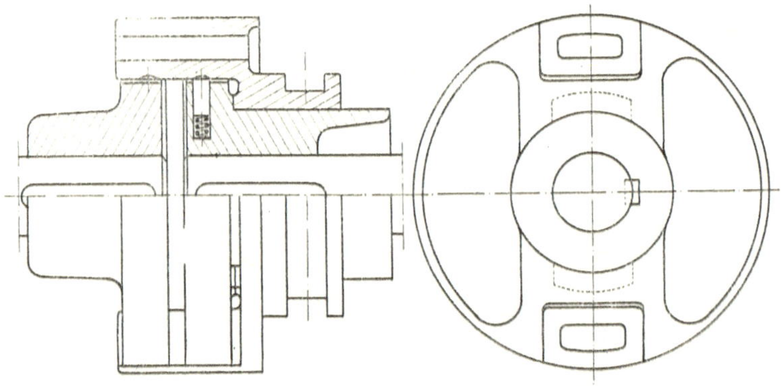

Fig. 63.

le manchon mobile n'est pas claveté sur l'arbre moteur, mais les verrous passent dans les trous d'un plateau intermédiaire I calé par clavetage fixe sur cet arbre.

Le débrayage à fourche est ici commandé par vis et écrou ; les doigts de la fourche agissent par un collier en deux pièces logé dans la gorge du manchon mobile, ce qui donne une très grande surface d'appui et diminue l'usure.

On emploie une disposition analogue dans certains manchons à griffes pour les grandes puissances (fig. 63 : embrayage à coulisseau).

B. — Embrayages à entraînement progressif.

Dans ces appareils, on utilise le frottement pour produire l'entraînement, soit entre les surfaces de deux organes solidaires respectivement de chacun des arbres (friction directe), soit au moyen d'un intermédiaire, une courroie en général (friction indirecte).

Nous étudierons ici les embrayages à friction directe pour arbres situés en prolongement l'un de l'autre. Le cas des arbres parallèles ou se coupant sera étudié avec les roues de friction (chap. V, § 1), et le procédé par friction indirecte avec les courroies (chap. V, § 2).

Friction directe.

Le frottement des surfaces des organes portés par les arbres à relier a lieu par leur contact et à l'aide d'une certaine pression qui fait naître le frottement entre ces surfaces.

Ce frottement est proportionnel à un coefficient qui dépend de la nature des surfaces et aussi à la valeur de la pression exercée de sorte que, en faisant croître progressivement la pression, le frottement prendra des valeurs successives de plus en plus élevées.

Comme il y a possibilité de glissement entre les surfaces, l'arbre conduit ne sera pas entraîné brusquement à la vitesse de l'arbre moteur, mais il atteindra cette vitesse progressivement, suivant la résistance des organes à entraîner et les valeurs successives de la pression exercée. L'embrayage aura donc lieu sans avoir à modifier le mouvement de l'arbre moteur, et sans chocs, dans un temps très court.

Ce genre d'appareils se réalise sous des formes différentes très nombreuses. On peut les classer en deux groupes principaux, suivant que les organes de pression agissent :

1°. parallèlement à l'axe des arbres : embrayages parallèles (ou axiaux) ;

2°. perpendiculairement à l'axe : embrayages normaux (ou radiaux). D'ailleurs, dans chaque groupe, les appareils peuvent être, suivant les besoins :

   a] réversibles ou non, pouvant (ou non) assurer l'entraînement dans les deux sens ;

   b] à pression continue ou non, s'il faut maintenir (ou non) la pression nécessaire à l'embrayage, pour que l'entraînement continue ;

c] automatiques ou non, s'ils agissent (embrayage et débrayage) d'eux-mêmes par l'effet des variations de vitesse ou s'il faut faire intervenir, à volonté, une action extérieure.

Ci-après quelques exemples d'appareils d'usage courant.

1° - Embrayages à cônes (fig. 64).

C'est le type le plus courant. Il comporte deux manchons s'emboîtant exactement l'un dans l'autre par une surface tronconique et calés, l'un *a* sur l'arbre moteur, l'autre *b* sur l'arbre conduit ; le manchon *b* peut glisser parallèlement à l'axe par l'intermédiaire d'un collier *c* et d'un levier à fourche.

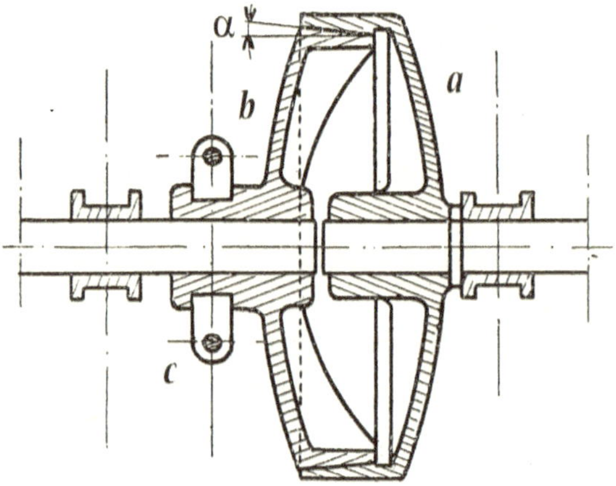

Fig. 64.

L'effort à produire pour embrayer croît avec l'angle α des surfaces actives, et décroît quand le coefficient de frottement des surfaces augmente. Il y a donc intérêt à prendre α très petit ; en pratique, on ne descend pas au-dessous de 8 à 9°, car la course nécessaire pour débrayer ne doit pas être trop grande. D'ailleurs, pour ces valeurs de α, le débrayage ne se produit pas seul, en marche normale, mais seulement s'il se manifeste un excès de résistance. Il est cependant prudent de fixer le levier de commande dans la position d'embrayage.

Cet embrayage est utilisé couramment, en automobile, par exemple, à cause de sa simplicité et de son faible prix ; il a l'inconvénient de provoquer un frottement du collier embrayeur dans la gorge du manchon mobile et une poussée longitudinale sur l'arbre.

De plus, il exige que les deux surfaces coniques soient parfaitement centrées sur le même axe, sous peine de produire des à-coups, ce qui arrive à la suite de leur usure, d'où la nécessité de placer l'appareil entre deux paliers.

La figure 65 montre un type d'embrayage à cônes pour automobile.

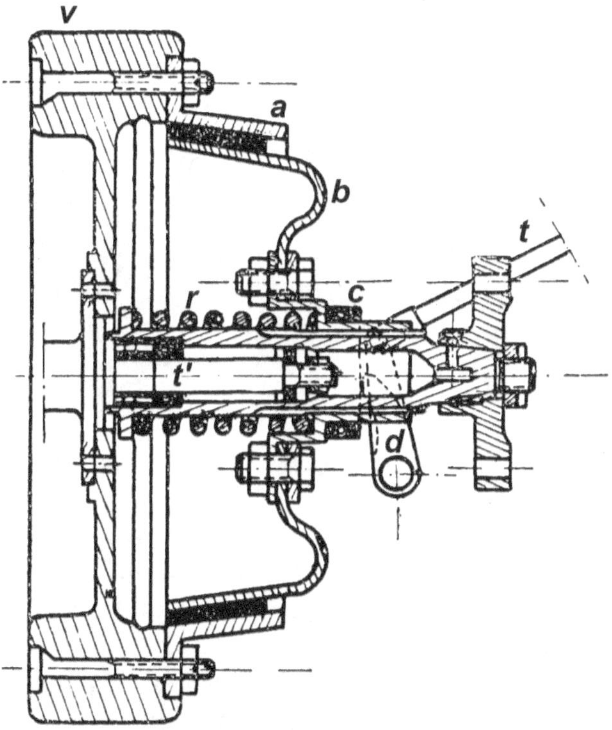

Fig. 65.

Le cône a est une cuvette rapportée sur le volant d'inertie V calé sur l'arbre moteur ; le cône mâle *b* en tôle emboutie, très léger, a sa surface active garnie de matière à coefficient de frottement très élevé (cuir, ferrodo). Ce cône est maintenu constamment en prise avec le premier par un fort ressort à boudin *r* qui donne la pression d'embrayage nécessaire, les réactions longitudinales qui en résultent étant supportées par des butées à billes *c, c'*. On obtient le débrayage en poussant le cône *b* par l'intermédiaire d'une pédale (non figurée) agissant sur les doigts *d* par la tige *t*, ce qui a pour effet de comprimer le ressort *r*. L'embrayage se produit, à nouveau, en cessant progressivement d'appuyer sur la pédale.

Plateaux cannelés (fig. 66).

Cette disposition permet de réduire la saillie des cônes et de diminuer le porte-à-faux, tout en donnant de grandes surfaces de contact. Le débrayage s'obtient par un très petit déplacement du plateau mobile, à l'aide d'une fourchette manœuvrée par un levier à douille excentrée.

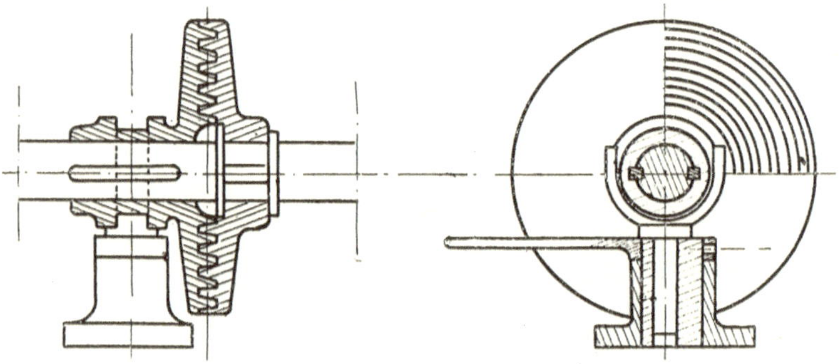

Fig. 66.

2° Embrayages à disques.

Si on fixe sur les bouts d'arbre deux plateaux lisses, il y aura entraînement par frottement de leurs faces en contact, sous l'effet d'une pression suffisante.

En réalité, dans les conditions ordinaires, il faudrait exercer une pression égale à 10 fois l'effort tangentiel à vaincre. Mais on a la faculté de réduire cette pression en substituant aux deux plateaux précédents des disques ou couronnes en nombre suffisant, chaque disque doublant la surface de contact primitive et l'effort à exercer étant divisé par le nombre de surfaces.

a) Premier type (fig. 67), pour grandes puissances. L'arbre moteur M porte un plateau P dont la jante porte intérieurement des dents *d* (six ou huit). Une série de disques en acier *a* sont encastrés dans cette jante par des encoches correspondant aux saillies *d*. Une deuxième série de disques en acier *b*, de plus petit diamètre et sans encoches à l'extérieur, sont intercalés entre les premiers, et ajustés par un carré, au centre, sur la partie prismatique d'un manchon A calé par un long moyeu sur l'arbre entraîné T. (A tourne librement sur la douille en bronze *c* emmanchée à la presse sur l'extrémité de M).

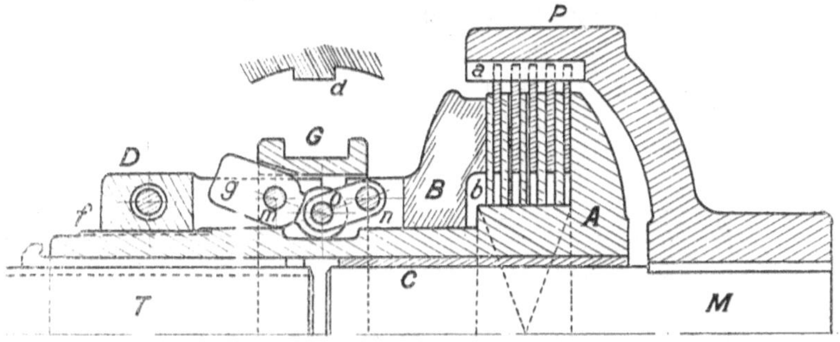

Fig. 67.

Sur le manchon A peut coulisser un deuxième manchon B, dit de pression, et une douille D est vissée à demeure sur le filetage *f* du moyeu de A. B est relié à D par un système de biellettes *g* articulées en *m* sur D et en *n* sur B, entre elles par l'axe *o* libre, ces biellettes étant logées dans deux évidements diamétralement opposés sur les manchons. Un collier G, mû par un levier à fourche, peut se déplacer vers la gauche ou vers la droite ; il porte deux rainures où s'engagent les queues des biellettes de gauche.

Pour la position de G indiquée sur la figure, le système est débrayé ; si on déplace G vers la gauche, on rabat les queues des biellettes vers l'axe, ce qui a pour effet de tendre à placer les points *m, o, n* en ligne droite, en écartant *n* de *m* ; comme le point *m* est fixe sur D, *n* s'éloigne en poussant le manchon B vers la droite, ce qui détermine la pression entre les disques et contre le manchon A, d'où entraînement des disques *b* et de l'arbre T par le manchon B.

Pour débrayer, on ramène G vers la droite et les disques cessent d'être en contact.

L'appareil est réversible et à pression continue : il faut maintenir le collier G dans la position de gauche pour conserver l'état d'embrayage. Il n'en résulte pas de réaction longitudinale sur les arbres, car la prise n'a pour effet que de tendre à allonger le manchon A.

Enfin, le frottement sur le collier G est très faible, la pression nécessaire étant peu élevée par suite du grand nombre de disques, et le déplacement de G étant beaucoup plus grand que celui de B.

Ce type d'embrayage est connu sous le nom d'*embrayage à lames de Weeston.*

b) 2ᵉ type. — La fig. 68 montre un embrayage à disques d'automobile.

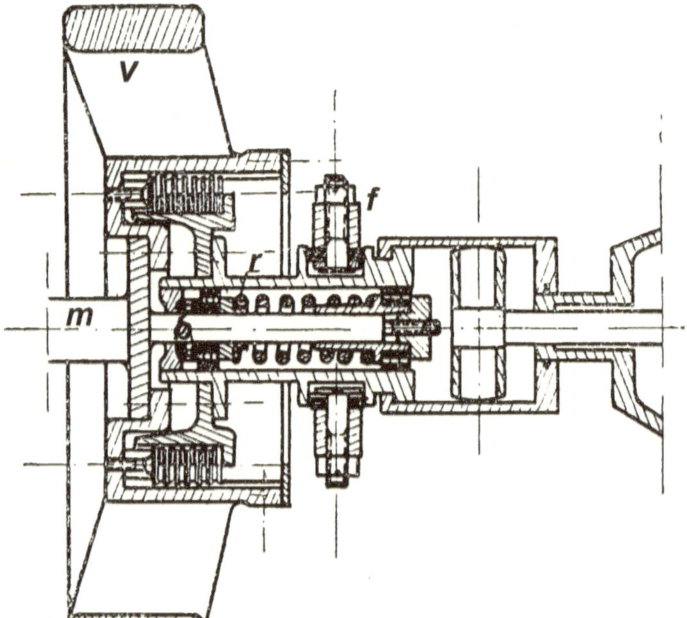

Fig. 68.

La cuvette dentée est portée en son centre par le volant V ; un fort ressort à boudin *r* maintient l'appareil constamment embrayé par appui sur l'extrémité de l'arbre moteur *m* et sur la cuvette intérieure, par l'intermédiaire d'une butée à billes *b*. Le débrayage est produit, en comprimant le ressort, par l'action d'une pédale sur la fourchette *f* qui rappelle la cuvette intérieure.

c) 3e type. — L'*embrayage Hele-Shaw* (fig. 69) est construit à peu près comme le précédent. Il est caractérisé par la forme des disques, les uns en bronze spécial, les autres en acier doux, au nombre de 30 à 40, qui présentent vers le milieu de leur couronne une ondulation conique, dont l'encastrement augmente considérablement les surfaces en contact et la valeur du frottement.

L'effort d'embrayage est très réduit, ce qui donne une grande souplesse aux manœuvres.

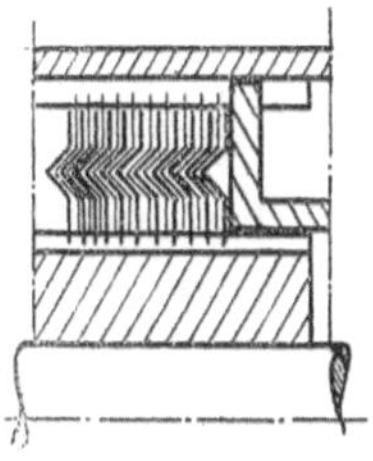

Fig. 69.

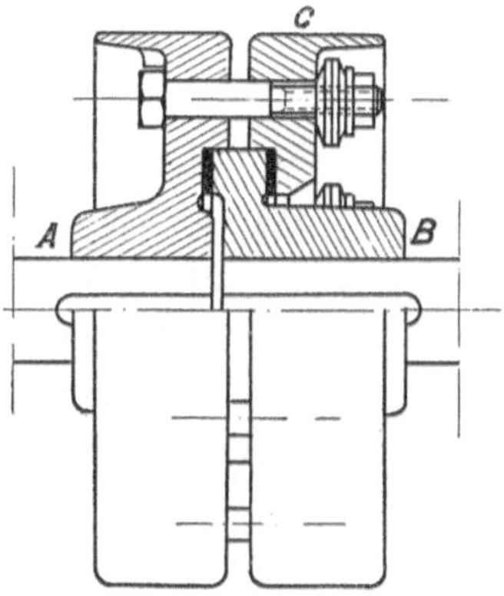

Fig. 70.

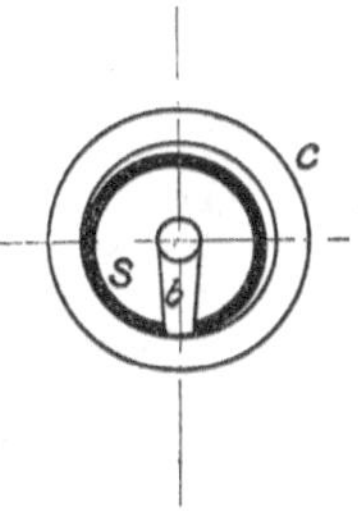

Fig. 71.

NOTA. - La figure 70 montre un type de manchon d'accouplement dit de sûreté, où l'entraînement a lieu par friction sur deux disques en cuir, ou fibre, ou bronze. Les deux manchons A et B sont fixés à demeure sur leurs arbres ; la couronne C maintenue par des boulons à rondelles Belleville assure la pression jusqu'à une valeur limite.

3° Embrayage à lame extensible.

Le principe de ces appareils est le suivant (fig. 71) : une cuvette C est fixée en bout de l'arbre moteur, une lame S (ou segment), solidaire de l'arbre conduit, est enroulée à l'intérieur de la cuvette C, un mécanisme *b* permet, en écartant les extrémités de S, d'appliquer avec une certaine pression, la lame contre la surface de la cuvette, qui l'entraîne par le frottement ainsi créé. La réalisation de ce système est montrée par la figure

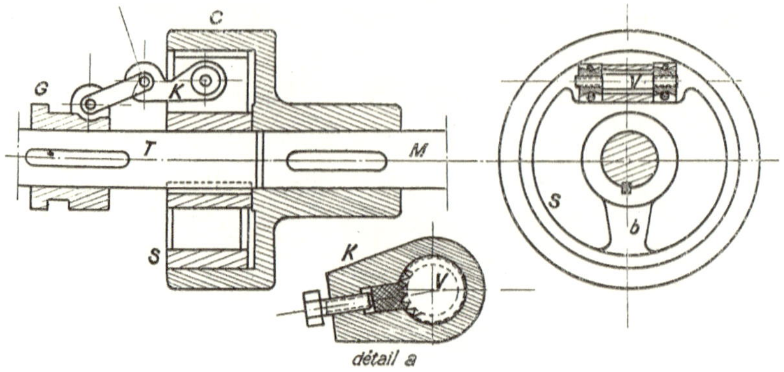

Fig. 72.

72 : la cuvette en fonte C, dont la paroi intérieure est tournée, est calée sur l'arbre moteur M par son moyeu ; le segment S est une couronne fendue reliée par un bras *b* à un moyeu calé sur l'arbre entraîné T. S tourne librement sans jeu à l'intérieur de C.

Les extrémités de la couronne fendue portent des écrous à pas contraires, la vis V, engagée, dans ces écrous, est actionnée par un système articulé, commandé par le collier G et une fourche d'embrayage. En poussant G vers la droite, on fait tourner la vis V, ce qui force S à s'ouvrir en s'appliquant sur la cuvette et produit l'entraînement. Le détail *a* montre la prise du levier K sur V par une clavette dentée engagée sur la denture prévue sur la vis entre les filetages, montage qui a pour but de régler le mécanisme, notamment après usure.

4° Embrayage à sabots.

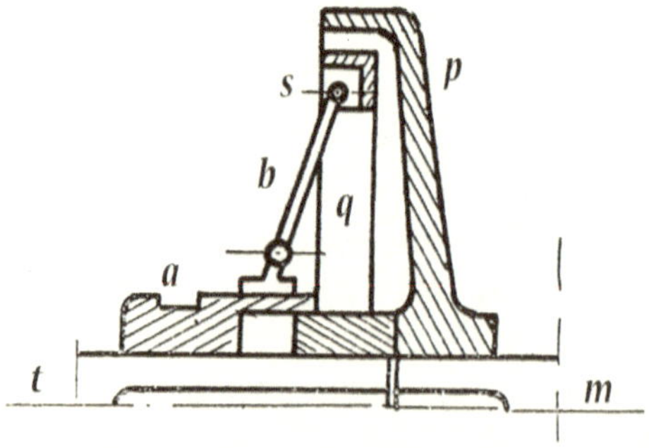

Fig. 73.

Son principe est montré par la figure 73 : l'arbre moteur *m* porte un plateau *p* dont la jante en forme de cuvette est tournée intérieurement ; un 2e plateau *q*, calé sur l'arbre conduit *t*, porte des glissières diamétrales dans lesquelles coulissent des sabots *s*. Les sabots sont reliés par des bielles *b* à un manchon mobile *a* dont la manœuvre par une fourchette a pour effet de déplacer les sabots vers l'extérieur en les appliquant avec force contre la cuvette, ce qui produit l'entraînement.

La figure 74 donne le détail d'un embrayage de ce genre. Sa caractéristique réside dans la substitution aux bielles précédentes, de lames d'acier flexible formant ressort *r* pour relier les sabots *s* au manchon mobile *a*.

Grâce à l'élasticité de ces lames, l'appareil reste embrayé de lui-même, sans nécessité d'une pression continue sur le levier de commande de *a* ; d'ailleurs, la forme des lames *r*, reportant le point d'articulation sur *a* à gauche de la verticale du point d'articulation sur *s*, évite tout risque de débrayage accidentel pendant la marche.

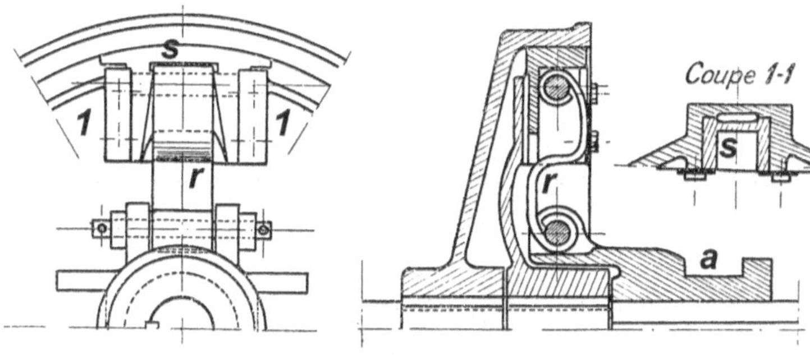

Fig. 74.

Remarque. — Dans les types 4 et 5, l'effort d'embrayage ayant lieu perpendiculairement à l'axe de l'arbre (type radial), il ne se produit pas de réaction longitudinale sur les arbres.

C. — Embrayages automatiques.

Ils sont employés pour l'entraînement d'un même arbre par deux ou plusieurs moteurs, de manière que chacun d'eux agisse indépendamment des autres, suivant les variations de la vitesse et de la résistance. La figure 75 en montre un type simple : le manchon *a* qui tourne fou sur l'arbre (douille en bronze) reçoit le mouvement par poulie ou engrenage calés sur son moyeu *m*, le manchon *b* claveté sur l'arbre porte, sur une couronne, une denture à rochet *r* ; des cliquets *c*, articulés sur des axes portés par *a*, sont engagés dans cette denture. Si la résistance sur l'arbre augmente, il a tendance à ralentir, mais le moteur agit pour l'entraîner dans le sens *f*, par l'intermédiaire des cliquets et du rochet ; si la résistance diminue, la vitesse de l'arbre augmente et la roue *r* tournant plus vite, glisse sous les cliquets et le moteur n'entraîne plus.

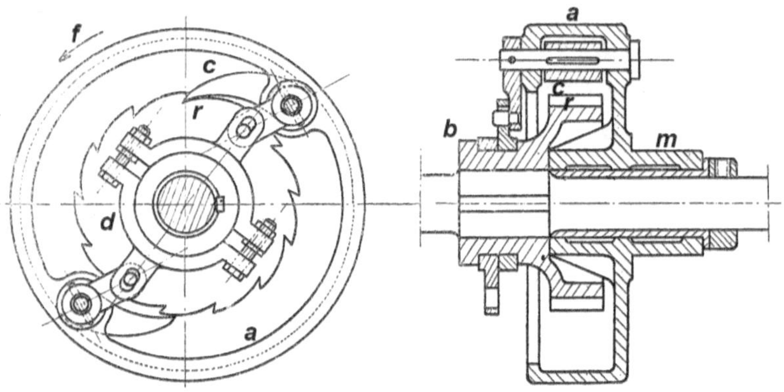

Fig. 75.

Le dispositif des cliquets est dit silencieux : par le collier *d* entraîné par l'arbre par frottement, lorsque sa vitesse augmente, les cliquets sont soulevés par le jeu des coulisses du collier et des leviers à bouton solidaires des cliquets. Inversement lorsque l'arbre ralentit, les cliquets s'abaissent et viennent s'engager dans la denture du rochet ; à noter que le nombre de dents étant impair, un seul cliquet est en prise, mais la course nécessaire à l'embrayage n'est que d'une demi-dent.

CHAPITRE III

PALIERS

§ 1. — Généralités

Les organes qui reçoivent et guident les arbres sont appelés *supports*, en général lorsqu'ils sont de formes simples, et lorsqu'il s'agit d'arbres peu importants. On les nomme plus spécialement *paliers* lorsqu'ils ont une construction complexe et qu'ils supportent des arbres moteurs ou des arbres de transmission.

Supports ordinaires.

Ils sont constitués par un simple bâti à semelle (fig. 76), percé d'un trou au diamètre de l'arbre. On les fait en fonte par économie, la semelle présente 2 ou 4 trous pour le passage des boulons de fixation.

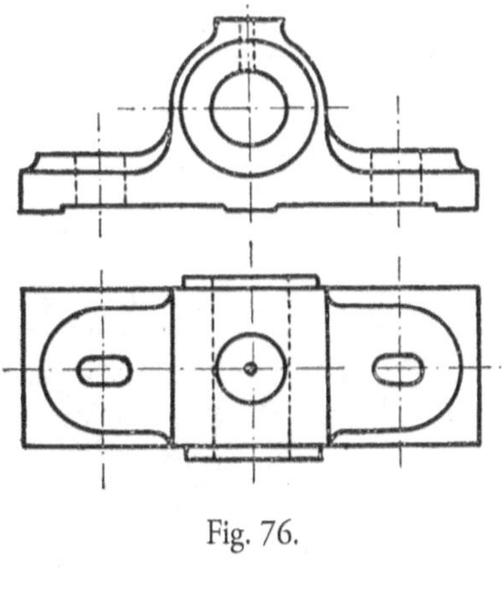

Fig. 76.

Conditions à remplir par les paliers.

Si l'on considère un arbre chargé, tournant à une assez grande vitesse, et soutenu à ses extrémités, la charge et le mouvement vont produire, entre les tourillons et leurs supports, un frottement qui absorbera de la puissance et provoquera l'échauffement des organes par suite, leur usure. On a intérêt à diminuer le plus possible le frottement car la puissance ainsi absorbée est perdue, l'usure provoquée obligera au remplacement fréquent des organes. D'ailleurs, un échauffement exagéré peut amener le grippage des surfaces et la rupture.

Pour diminuer le frottement, il faudra constituer les surfaces en contact par des matières donnant un faible coefficient de frottement et que ces surfaces soient parfaitement polies. L'expérience a consacré l'usage du frottement bronze sur acier et la nécessité de graisser convenablement les portées, ce qui adoucit le frottement et évite l'échauffement exagéré, donc le grippage.

Outre ces conditions de fonctionnement, il faut assurer une fabrication économique, prévoir un montage ou un démontage aisé, enfin, un entretien le plus réduit possible. Il en résulte un certain nombre de dispositions.

1° La surface de frottement est interposée entre le corps du palier, dont elle est solidaire, et l'arbre. De la sorte, le palier peut être en fonte, à bon marché, et la partie frottante (bronze) est réduite au minimum ; on localise d'ailleurs ainsi l'usure sur une petite pièce, facile à remplacer sans toucher aux autres : cette pièce s'appelle un coussinet.

2° les arbres ayant une certaine longueur et un certain poids, on trouve avantageux de couper le palier complètement en 2 parties, par un plan diamétral, de manière à pouvoir monter ou

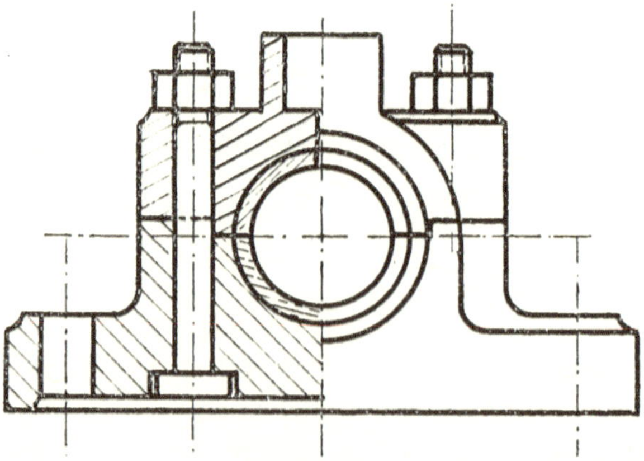

Fig. 77.

démonter l'arbre facilement, et aussi à pouvoir changer un demi-coussinet sans enlever complètement l'arbre (fig. 77). Ces avantages compensent largement l'usinage supplémentaire des faces de joint des 2 parties, appelées *corps* et *chapeau*, et la nécessité d'adjoindre des boulons pour relier le chapeau au corps.

3° On a cherché par des procédés très divers, dans le principe et dans la forme, à doter le palier d'un dispositif de graissage qui assure la lubrification parfaite des surfaces frottantes, de préférence pendant la marche seulement, et avec le minimum de main-d'oeuvre (*graissage automatique*).

Description.

Un palier se compose donc des parties suivantes :

- le *corps*, en fonte, qui comprend une semelle de fixation et deux montants latéraux ;
- le *chapeau*, en fonte, qui vient se fixer sur les montants, formant ainsi un espace appelé la *cage du palier* ;
- le *coussinet*, en bronze, en 2 parties, qui entoure l'arbre, et est ajusté dans la cage ;
- des *boulons*, reliant le chapeau au corps ;
- un dispositif de *graissage*.

Ces différentes parties présentent, suivant les constructeurs, des particularités de détails très diverses, cependant un certain nombre de caractéristiques sont communes à toutes.

Corps et chapeau (fig. 78 et 79).

On cherche toujours à les alléger par des évidements judicieux qui n'en diminuent pas la solidité ; on utilise presque toujours le fond du corps creux comme réservoir d'huile, et il faut alors prévoir 2 trous bien placés, l'un pour y introduire le lubrifiant

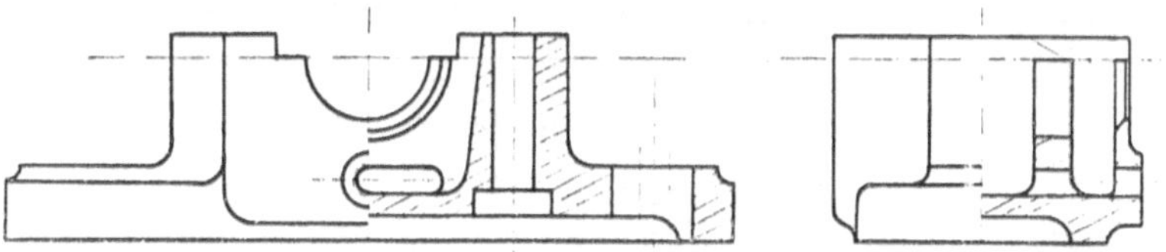

Fig. 78.

frais, l'autre pour vidanger l'huile usée, après un certain temps de fonctionnement.

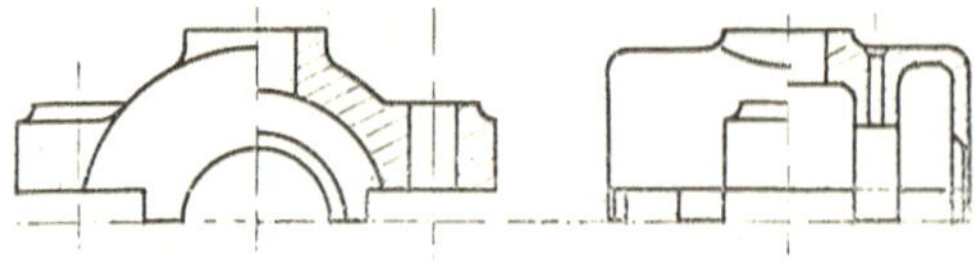

Fig. 79.

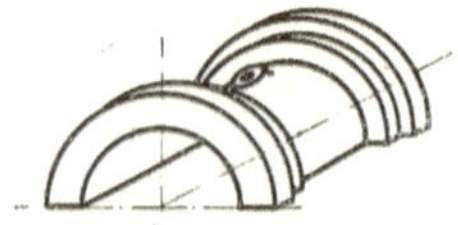

Fig. 80.

On cherche aussi à réduire le plus possible les parties usinées : face d'appui de la semelle évidée, faces d'appui du coussinet réduites au nécessaire, bossages pour l'appui des écrous.

Enfin, pour faciliter le centrage du chapeau et éviter sa translation par rapport au corps, le plan de joint de ces 2 parties est brisé pour former un emboîtement, la face centrale passant par l'axe du palier.

Coussinet.

On a dit que le coussinet (fig. 80) était en bronze.

Lorsque les dimensions sont très importantes, on réalise une économie en utilisant des coussinets en fonte, dont on garnit la surface intérieure d'antifriction (fig. 81 et 82) .

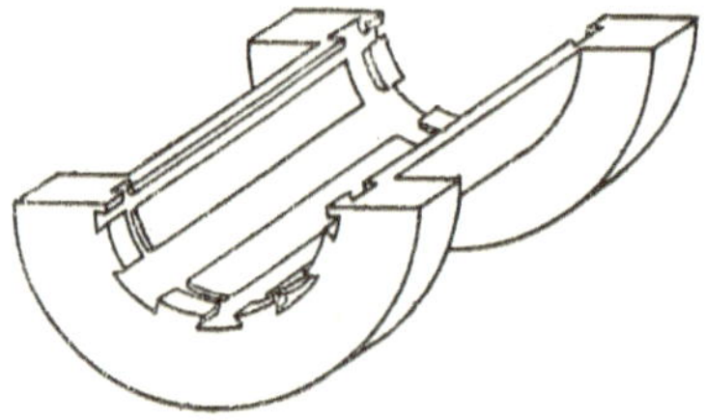

Fig. 81.

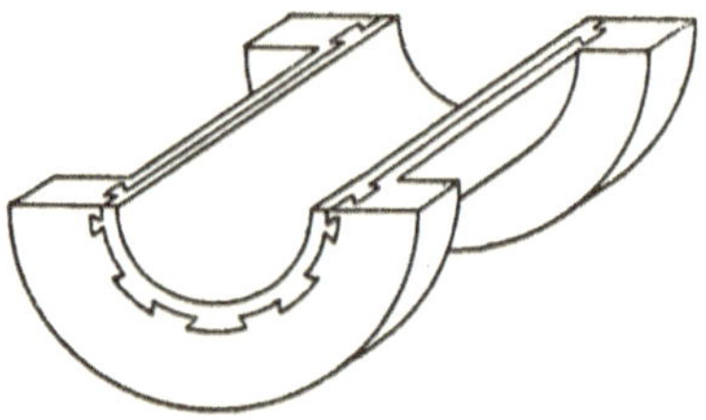

Fig. 82.

La forme extérieure du coussinet doit être prévue pour éviter sa rotation avec l'arbre et sa translation le long de l'arbre (sortie du palier) son ajustage dans la cage doit être économique. Cette forme était primitivement polygonale : carrée, demi-octogonale, etc. Aujourd'hui, on ne fait plus guère que la forme cylindrique, avec un ergot, rapporté ou non, pour éviter la rotation. La translation est toujours empêchée par des joues latérales (fig. 80) s'ajustant sur les faces extérieures du palier ; en même temps, on donne ainsi la portée suffisante au coussinet sans augmenter la largeur du corps.

Enfin, très souvent, le coussinet est conçu de telle sorte que le tourillon porte sur toute sa longueur et, en principe, sur toute sa circonférence, même en cas de déformation de l'arbre ou d'usure : rotules, rattrapages de jeu (voir plus loin).

Graissage.

On emploie l'huile ou la graisse, cette dernière pour des cas peu fréquents. (*Voir Chapitre : Graissage, fascicule III.*)

Pour le graissage par l'huile, les différents stades de son évolution sont :

1°. Primitivement, et aujourd'hui encore dans les paliers ordinaires (constructions peu importantes et peu soignées) un trou était percé à travers le chapeau et le demi-coussinet supérieur (fig. 77), débouchant à la surface de l'arbre. À l'aide d'une burette on introduisait, de temps à autre, quelques gouttes d'huile dans le palier. Ce procédé est très défectueux parce que le graissage n'est pas régulier (oublis fréquents), et nécessite un personnel spécial ; il manque de propreté, l'huile s'écoulant à l'extérieur (pertes).

2°. On a songé alors à surmonter le chapeau d'un petit réservoir plein d'huile, celle-ci s'écoulant goutte à goutte dans le palier. On supprime ainsi le personnel et on évite les oublis, mais les autres inconvénients subsistent ; d'ailleurs le trou peut se boucher, et surtout l'huile coule même lorsque l'arbre est arrêté.

3°. Enfin, on est arrivé au graissage automatique : l'huile est contenue dans le fond du palier même ; par un dispositif mécanique, la rotation de l'arbre fera monter l'huile à la partie supérieure, et cette huile revient au réservoir après service.

Les dispositifs des paliers graisseurs sont très divers, mais basés sur l'un des principes suivants :

Graissage par mèche ou rotin. — Des mèches en coton (fig. 83) ou métalliques (fig. 84), ou des rotins (fig. 85), sorte de jonc poreux, présentant un grand nombre de petits canaux, trempent à la partie inférieure dans l'huile du réservoir et appuient en haut contre la surface de l'arbre par capillarité et par aspiration, lors de la rotation de l'arbre, l'huile monte et graisse les surfaces.

Inconvénient : les canicules finissent par se boucher et on n'en est prévenu que lorsque le graissage ne fonctionne plus, d'où insécurité du système et remplacement périodique des mèches ou joncs nécessaires.

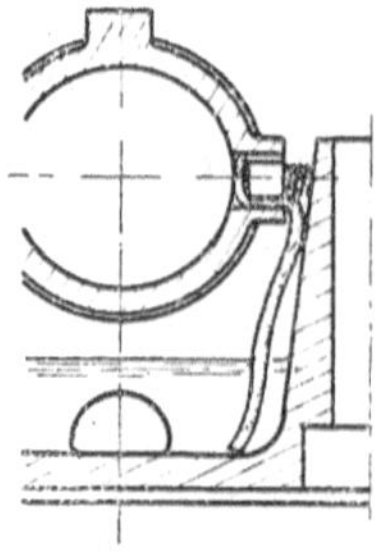

Fig. 83.

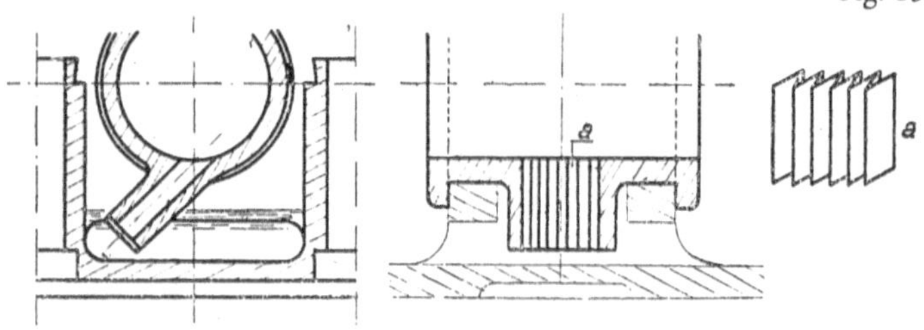

Fig. 84.

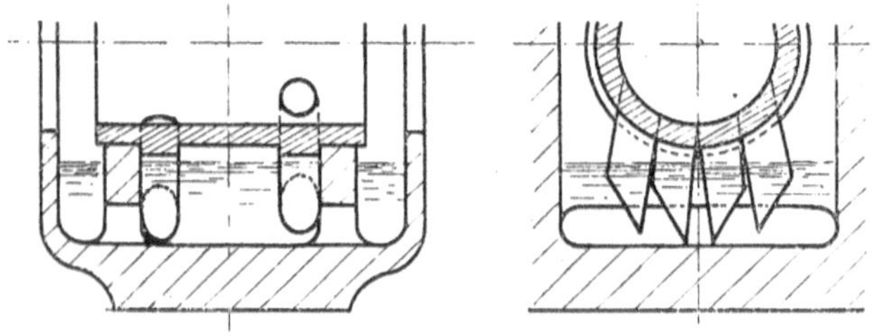

Fig. 85.

Graissage par bagues. — Une bague de grand diamètre (fig. 86) repose sur l'arbre à sa partie supérieure, au droit d'un évidement du coussinet, et trempe dans l'huile à sa partie inférieure. La rotation de l'arbre entraîne celle de la bague, qui amène constamment de l'huile sur l'arbre. On remplace parfois la bague par une chaînette sans fin qui présente plus de surface et entraîne une plus

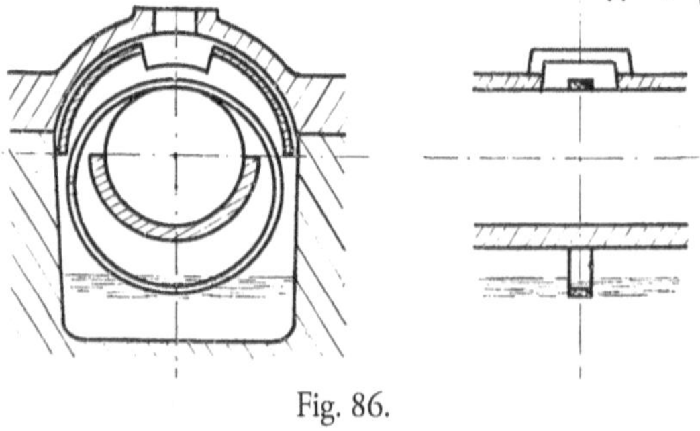

Fig. 86.

grande quantité de lubrifiant. (Voir la norme CNM 5006 : *dimensions des bagues.*) Ce procédé est le plus simple, le plus sûr et le moins coûteux. On lui reproche cependant de battre l'huile du réservoir.

On peut aussi, quand l'arbre tourne assez vite, fixer la bague sur l'arbre : la force centrifuge projette alors l'huile entraînée dans une cavité du chapeau (fig. 87).

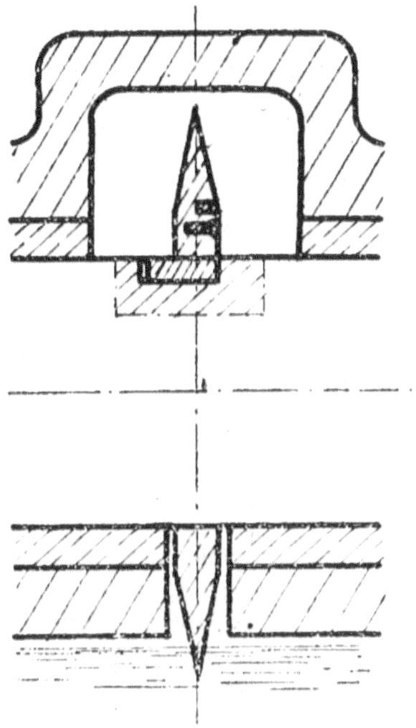

Fig. 87.

Graissage par aspiration directe. — On fait communiquer le fond du réservoir d'huile avec la portée par un conduit de petit diamètre ; dans certains cas, le niveau de l'huile est maintenu plus élevé que l'arrivée du conduit (fig. 88) et le lubrifiant pénètre par pression entre les surfaces.

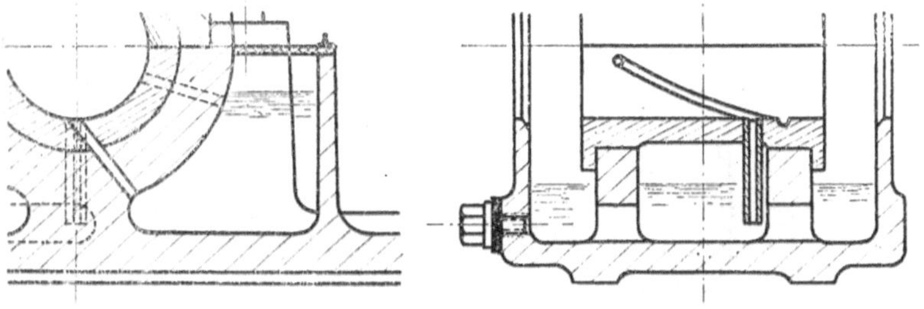

Fig. 88.

Ou bien les conduits sont disposés de telle sorte que la rotation de l'arbre provoque une aspiration suffisante de l'huile dans la portée (fig. 89). La construction de ces paliers est assez délicate, pour obtenir un fonctionnement sûr.

Graissage par immersion. — Une partie des surfaces frottantes baigne directement dans l'huile qui est entraînée. Ce

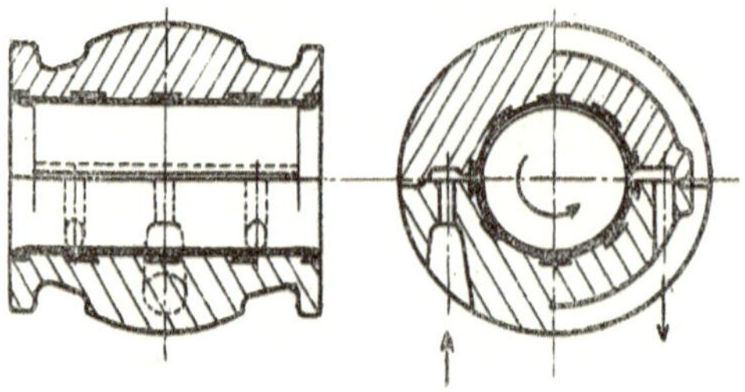

Fig. 89.

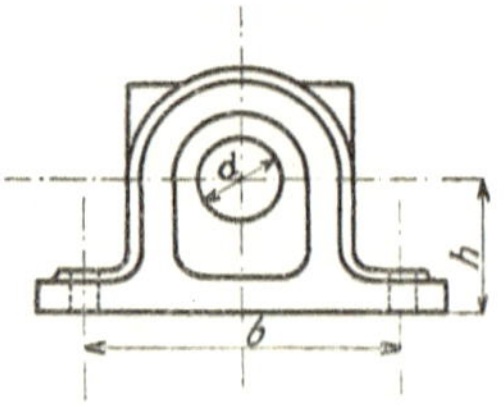

Fig. 90.

procédé n'est pratique que dans des paliers spéciaux (*paliers à billes*).

Remarque. Dans tous les cas, pour assurer la répartition de l'huile sur toute la portée, on munit la surface interne du coussinet de pattes d'araignée, petites rainures en croix partant du point où débouche l'huile ; on a soin aussi de pratiquer un chanfrein sur les arêtes d'un demi-coussinet, au plan de joint, pour former réservoir tout le long d'une génératrice et faciliter la pénétration de l'huile.

TABLEAU VI - PALIERS POUR TRANSMISSIONS CNM 120 (FIG. 90)

d	PALIERS A ROTULES				PALIERS FIXES			
	b	*h*	Boulons		*b*	*h*	Boulons	
			diamètre	nombre			diamètre	nombre
25 30	150	64	12	2	150	64	12	2
35 40	170	72	12	2	170	72	12	2
45 50	200	90	16	2	200	90	16	2
60	230	100	16	2	230	100	16	2
70	260	112	20	2	260	112	20	2
80	290	125	20	2	290	125	20	2
90	320	140	22	2	320	140	22	2
100					370	160	24	2
120					400	180	24	4
150					460	200	24	4

Graissage à la graisse consistante. — Il a lieu par contact direct de la graisse avec une partie du tourillon, soit que la graisse soit contenue dans une cavité du chapeau, ou dans un réservoir extérieur (*Stauffer*).

Dimensions caractéristiques des paliers.

Les paliers sont construits à partir des dimensions du tourillon qu'ils doivent recevoir. Les côtes caractéristiques sont donc : l'*alésage d* (fig. 90) correspondant au diamètre du tourillon, et la *portée l* qui correspond à sa longueur. De plus, pour prévoir la fixation du palier, il est indispensable de connaître : la distance de l'axe à la semelle ou *hauteur de centre h*, et la distance d'axes des trous de la semelle *b*.

On a normalisé (CN VI 120) les dimensions *b* et *h* en fonction de *d* pour les paliers normaux de transmissions (Tableau VI). La portée *l* ne figure pas dans ces tableaux car elle varie, pour un même diamètre, avec la charge de l'arbre et ses conditions de fonctionnement.

Cette normalisation ne s'applique pas aux paliers à billes.

§ 2. – Différents types de paliers

Classification.

On doit distinguer d'abord les supports d'arbres horizontaux, appelés plus spécialement *paliers horizontaux*, et les supports d'arbres verticaux, appelés *colliers*, *boîtards* et *crapaudines*.

Dans chacune de ces 2 catégories, on classe les supports suivant la direction de l'effort principal auquel ils sont soumis, qui peut être perpendiculaire ou parallèle à l'axe de l'arbre. On a ainsi une première classification :

1°. Paliers horizontaux

- *a]* paliers proprement dits (effort perpendiculaire à l'axe de l'arbre ;
- *b]* paliers de butée (effort parallèle à l'axe de l'arbre).

2°. Paliers verticaux

a] colliers et boîtards (effort perpendiculaire à l'axe de l'arbre);

b] crapaudines (effort parallèle à l'axe de l'arbre).

Dans chacune de ces classes, on fait la subdivision en :

- paliers à coussinet ou paliers lisses (frottement de glissement) ;
- paliers à billes (frottement de roulement) ;
- paliers à aiguilles (frottement de roulement et glissement).

En tenant compte du mode de graissage, on obtient une autre classification :

- paliers ordinaires (graissage à la main) ;
- paliers graisseurs (graissage automatique).

Enfin, on peut encore avoir une classification secondaire, d'après la position de la semelle de fixation par rapport à l'arbre :

- palier normal : semelle horizontale en dessous ;
- palier en dessus : semelle horizontale en dessus ;
- palier console : semelle verticale latérale ;
- palier frontal : semelle verticale en bout ;
- palier-chaise : le corps fait partie de la chaise (voir Chaises).

Les conclusions de l'étude générale s'appliquent à tous les types.

A. Paliers horizontaux.

1° - Paliers lisses.

Ce sont ceux que nous avons décrits d'une manière générale précédemment. On y distingue les principaux types suivants :

a] les ***paliers ordinaires***, de fabrication simple, ne sont employés que dans les constructions peu importantes (voir fig. 77) ;

b] les ***paliers graisseurs*** qui comportent l'un des modes de graissage automatique étudiés : palier à mèche, palier à rotin, palier à bague (fig. 91), etc. D'une construction plus complexe et plus soignée, ils sont les plus répandus.

c] les ***paliers à rotules***, constitués de manière que le coussinet embrasse toujours le tourillon exactement. Il arrive, en effet que, par suite de déformations de l'arbre ou

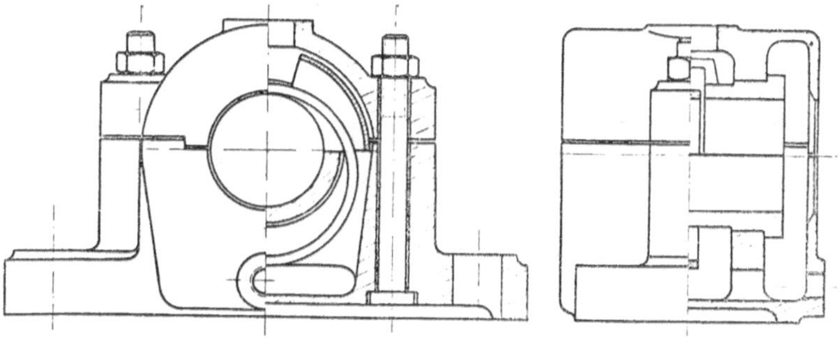

Fig. 91.

d'un montage défectueux, l'axe du tourillon fasse un certain angle avec l'axe du coussinet, soit d'une manière permanente, soit d'une manière variable. Il en résulte un mauvais portage des surfaces qui peut provoquer une usure prématurée et un échauffement local dangereux.

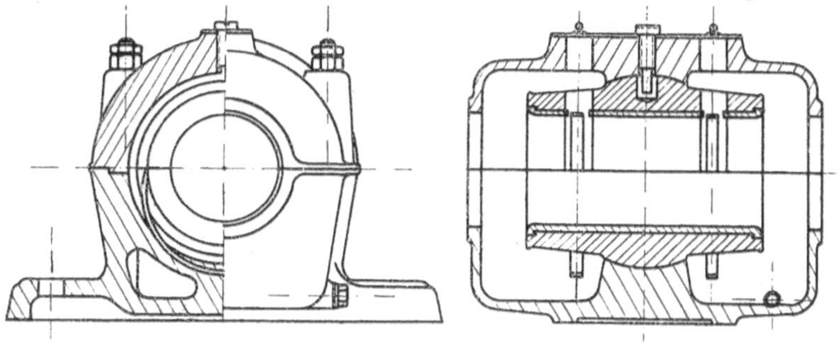

Fig. 92.

Pour éviter ces inconvénients, on rend le coussinet mobile à l'aide de rotules, c'est-à-dire qu'au lieu d'être ajusté dans le corps par 2 portées cylindriques qui le rendent fixe, il est renflé au milieu (fig. 92) et porte, par 2 saillies sphériques dans 2 cavités de même forme venues dans le corps et dans le chapeau ; le coussinet peut ainsi osciller dans tous les sens autour du centre de la sphère, et le tourillon porte constamment sur toute sa surface, ce qui procure une longue durée et élimine les causes d'accidents (fig. 92 : *palier à rotule*).

d] ***paliers à rattrapage de jeu.*** Au bout d'un certain temps de fonctionnement, le frottement provoque l'usure des surfaces en contact, notamment de celles du coussinet, moins dur que l'arbre. Le tourillon ne se trouve plus alors enserré exactement dans le coussinet : on dit qu'il a du jeu. Cette usure n'est d'ailleurs pas régulière, le métal n'étant pas parfaitement homogène, et l'effort ayant toujours lieu dans un même sens.

La présence d'un jeu trop prononcé dans l'alésage cause des vibrations dans l'arbre, et des chocs dus aux à-coups dans la marche, ce que l'on doit soigneusement éviter.

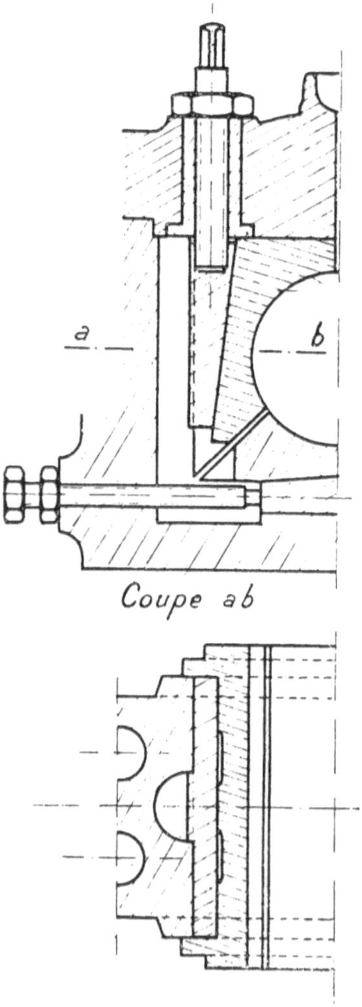

Fig. 93.

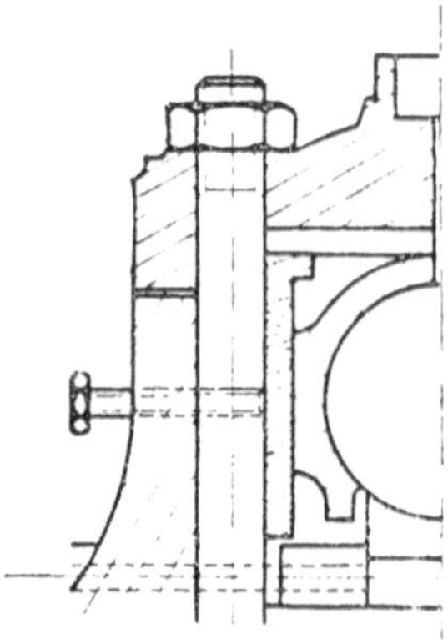

Fig. 94.

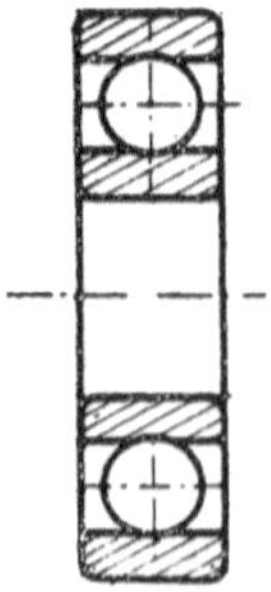

Fig. 95.

À cet effet, on doit prévoir un moyen de rattraper le jeu, c'est-à-dire d'assurer à nouveau le portage parfait des surfaces.

Le moyen le plus simple consiste à limer une certaine épaisseur sur les faces de joint des demi-coussinets et à les réaléser, c'est-à-dire usiner à nouveau la surface intérieure.

Dans les constructions soignées, on intercale entre les faces de joint, au montage, un certain nombre de feuilles de métal très minces (clinquant) ; au fur et à mesure de l'usure, on enlève une ou plusieurs de ces feuilles. On ne réalèse que lorsque l'usure est par trop importante.

Enfin, dans les paliers de grandes dimensions, le coussinet est fractionné en 3 ou 4 pièces ajustées dans le corps et qu'un dispositif de coins et vis permet de serrer constamment sur l'arbre (fig. 93 et 94).

2° Paliers à billes.

Pour réduire la perte de puissance et l'usure dues au frottement de glissement dans les paliers lisses, on remplace les coussinets par des roulements à billes, ce qui donne un frottement de roulement beaucoup plus faible.

Un roulement à billes comprend (fig. 95) 2 bagues en acier spécial, très dur et trempé, creusées de gorges entre lesquelles sont placées des billes parfaitement sphériques et en acier trempé très dur également ; l'une des bagues est fixée sur l'arbre et l'autre

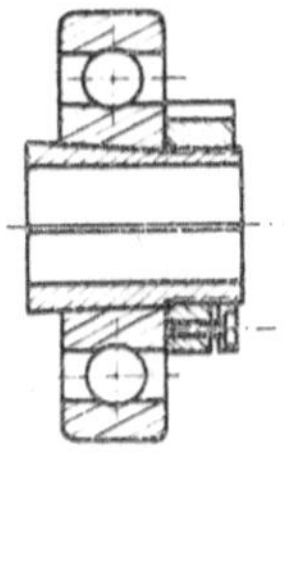

Fig. 96.

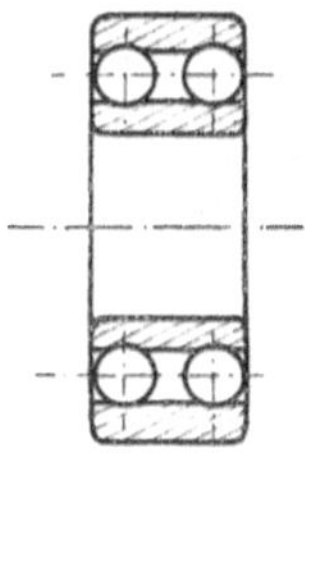

Fig. 97.

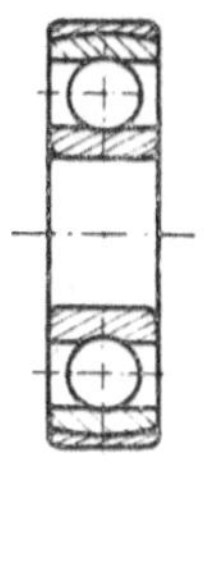

Fig. 98.

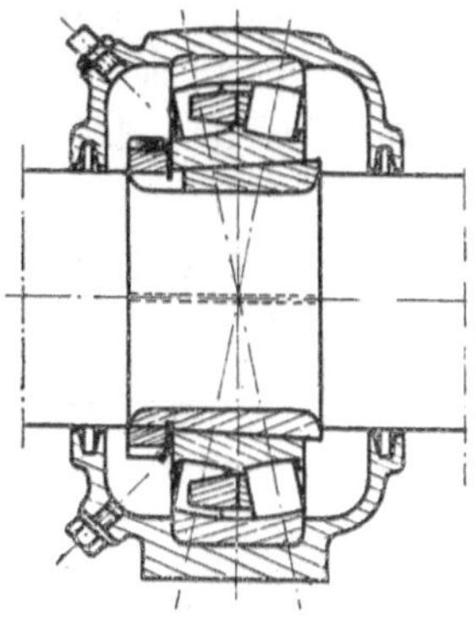

Fig. 99.

ajustée sans jeu dans le corps du palier. La bague extérieure doit être libre de se déplacer parallèlement à elle-même pour pouvoir se régler automatiquement par rapport à la bague intérieure, sous peine de coincer les billes et de les briser. La bague intérieure est rigidement solidaire de l'arbre dans tous les sens, soit emmanchée à force sur le tourillon, ou bien fixée par un manchon conique fendu serré sur l'arbre (fig. 96).

Les roulements peuvent être à une ou à deux rangées de billes (fig. 97) ; ils peuvent être à roulement annulaire ou à rotule (fig. 98). Pour les très fortes charges, on remplace les roulements à billes par des roulements à rouleaux (fig. 99).

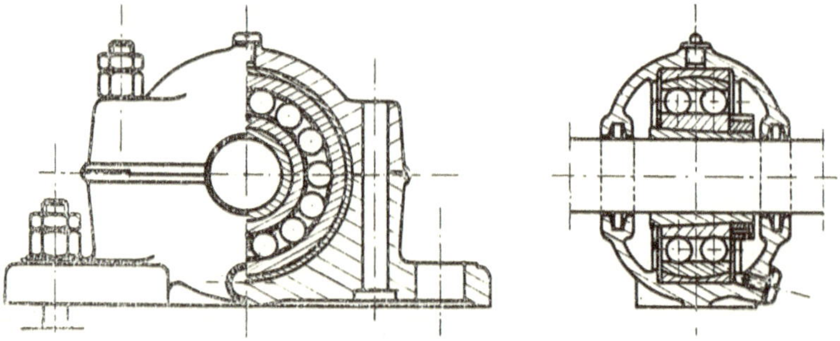

Fig. 100.

Sous réserve d'un montage très précis, et dans des cas judicieusement choisis (mécanismes exempts de chocs, par exemple), l'emploi des roulements à billes offre de très grands avantages : paliers plus simples (fig. 100), graissage facile (par immersion), frottement de roulement très faible, usure inappréciable, entretien presque nul. Cependant, ce genre de paliers coûte plus cher en général, et il faut prévoir la possibilité du montage des roulements sur les arbres par bout.

3° - Paliers de butée.

Pour résister aux poussées exercées par les arbres dans la direction de leur axe, on utilise des paliers spéciaux, lisses ou à billes, désignés sous le nom de *paliers de butée* pour les arbres horizontaux.

Comme pour les paliers d'appui normaux, la forme du corps dépend du mode de fixation et donne lieu à des types analogues.

Pour une poussée faible et dirigée toujours dans le même sens, on se contente de placer un grain, en bout de l'arbre (fig. 101), dont l'extrémité trempée prend appui sur le bout trempé d'une vis traversant un bossage du bâti placé dans l'axe de l'alésage.

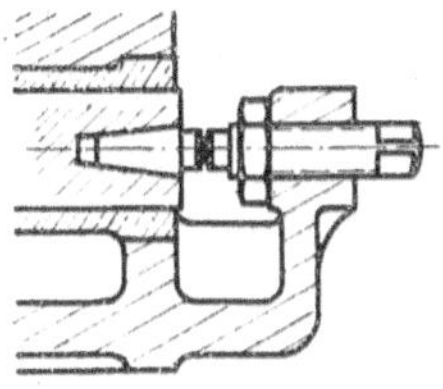

Fig. 101.

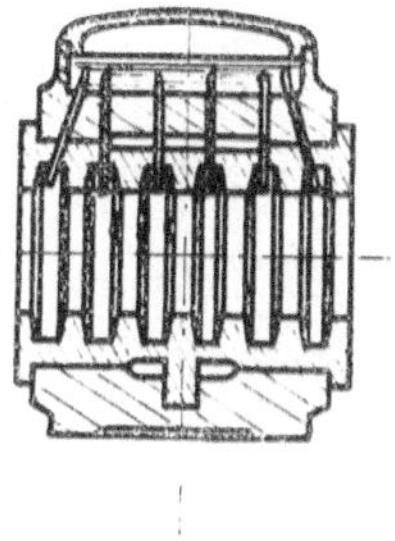

Fig. 102.

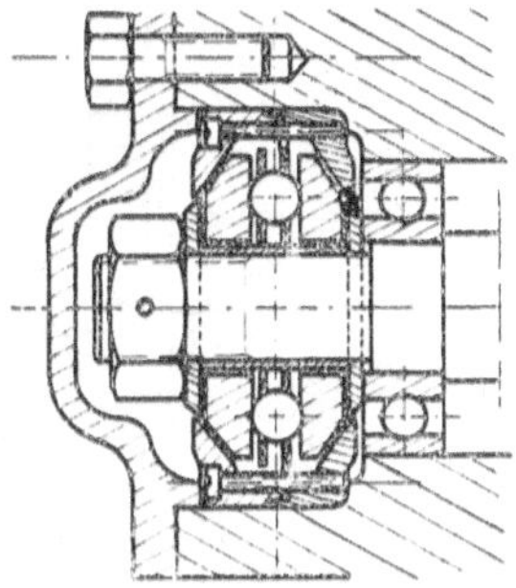

Fig. 103.

Pour des poussées importantes, on utilise des paliers *cannelés* (à collets multiples) ; ils ne diffèrent des paliers normaux que par la forme des coussinets (fig. 102) qui présentent à l'intérieur une série de gorges ou cannelures s'emboîtant sur les collets correspondants du tourillon. Ceux-ci sont en nombre suffisant pour que la pression unitaire soit faible et le graissage doit être assuré sur tous les collets.

On emploie couramment aussi des butées à billes pour résister aux poussées longitudinales des arbres. Ces butées peuvent être à *simple effet* (effort dirigé dans un seul sens), ou *à double effet* (effort dirigé alternativement dans les deux sens) ; elles peuvent être *plates* (à portée plane) ou *sphériques* pour parer aux déplacements de l'arbre. (Fig. 103, *butée à double effet, sphérique.*) Les butées à billes sont constituées comme les roulements et répondent aux mêmes observations.

4° - Boîtes à graisse ou boîtes d'essieux.

Ce sont les paliers supportant les tourillons ou fusées des essieux de véhicules. Ils peuvent être à coussinets lisses (fig. 104), à billes (fig. 105) ou à rouleaux (fig. 106).

Les boîtes à graisse sont caractérisées par un mode de graissage sûr ; elles doivent aussi être étanches pour éviter l'entrée des poussières et des corps étrangers.

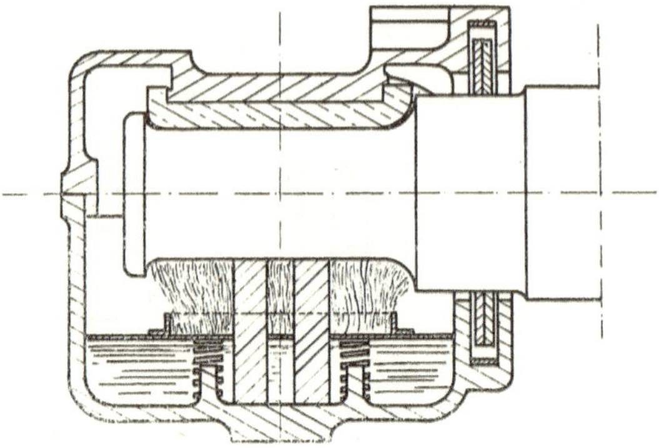

Fig. 104.

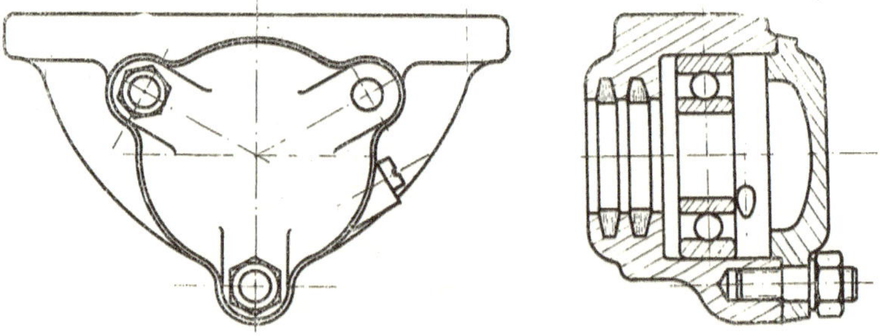

Fig. 105.

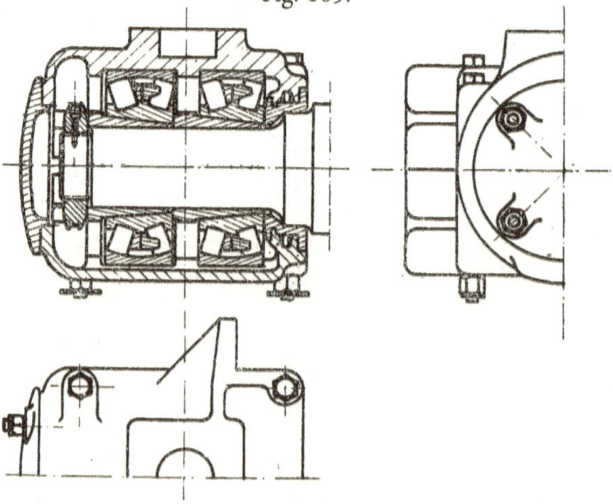

Fig. 106.

B. — Paliers verticaux.

Les paliers d'appui et de butée pour les arbres verticaux ne diffèrent que par la forme des mêmes supports pour arbres horizontaux, le principe restant le même. Ils peuvent par conséquent être lisses ou à billes, ordinaires ou graisseurs, à rattrapage de jeu ou non.

Ils portent les noms de :

- *colliers*, s'ils sont situés à l'extrémité supérieure de l'arbre, avec fixation en dessous d'un plan horizontal ;
- *boîtards*, s'ils sont placés en un point quelconque, sur la longueur de l'arbre, de préférence à la traversée d'un plancher, avec fixation au-dessus d'un plan horizontal, paliers d'applique si la fixation a lieu par semelle verticale latérale, ou crapaudines, s'ils servent de butée, placée en général à la partie inférieure de l'arbre.

Colliers. — Le collier (fig. 107) est constitué par un corps en fonte venu avec deux pattes pour la fixation par quatre boulons, et un coussinet en bronze, en deux pièces, à réglage transversal par vis de pression, dans l'alésage du corps.

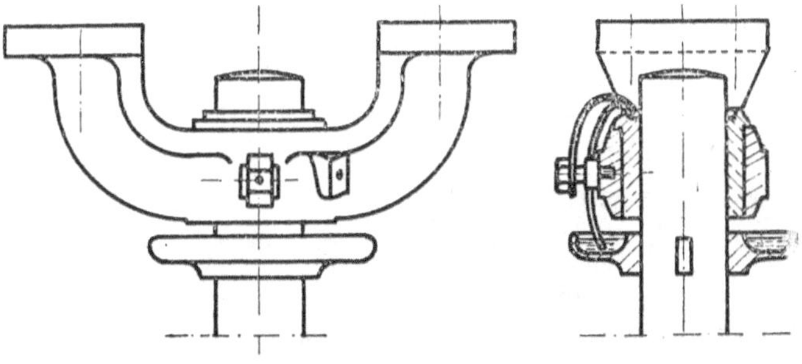

Fig. 107.

Le graissage est assuré par un disque et une cuvette, tournant avec l'arbre ; un lécheur déverse l'huile amenée par le disque à la partie supérieure du coussinet.

Boîtards. Les boîtards comportent un corps cylindrique, avec semelle de fixation, en fonte. Le coussinet peut être en deux pièces avec réglage par vis de pression (fig. 108), ou en trois pièces, coulissant dans des rainures verticales du corps et réglables par coin et vis (fig. 109). Le graissage est assuré par des bourrages d'étoupe imbibée d'huile, logés dans trois alvéoles entre les parties du coussinet.

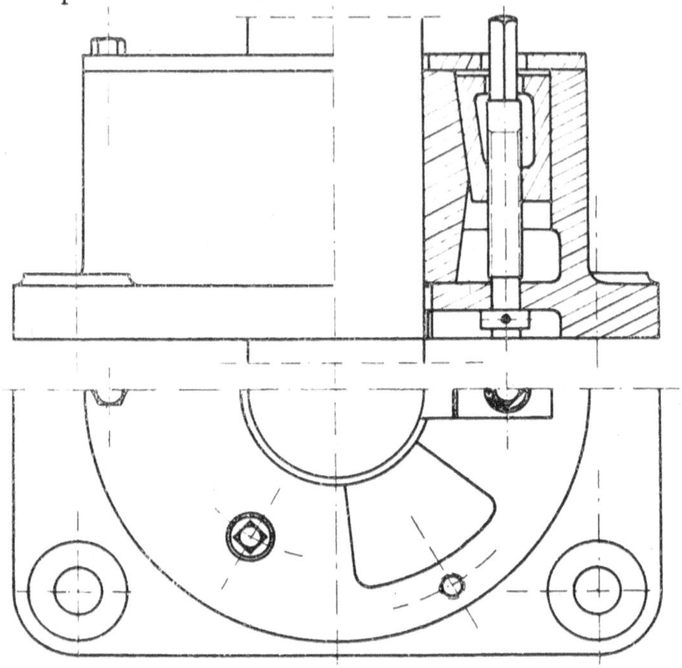

Fig. 109.

Le *palier d'applique* est un boîtard, constitué comme un palier normal dont l'axe serait placé verticalement (fig. 110). Le graissage y est assuré par des rotins.

Les boîtards peuvent être montés avec roulements à billes. Parfois, on réunit dans le boîtard supérieur le roulement et la butée, à billes : l'arbre se trouve ainsi suspendu.

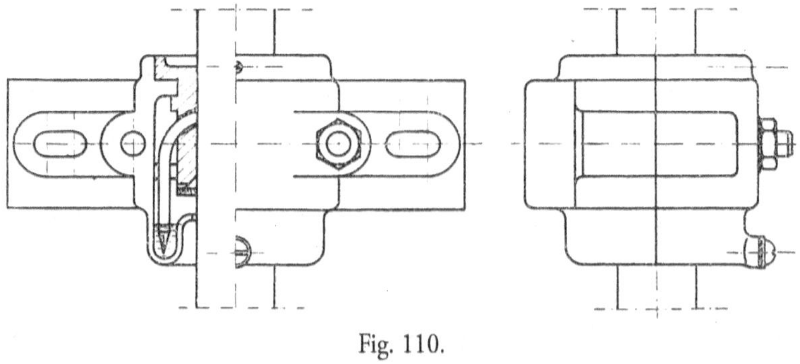

Fig. 110.

Crapaudines. — Ce sont les supports les plus importants des arbres verticaux. En principe, la crapaudine est constituée (fig. 111) par un corps en fonte, cylindrique, recevant un coussinet, et muni d'un patin de fixation. L'extrémité de l'arbre est terminée par un pivot, en acier trempé, portant sur un grain, également très dur, logé au fond du coussinet.

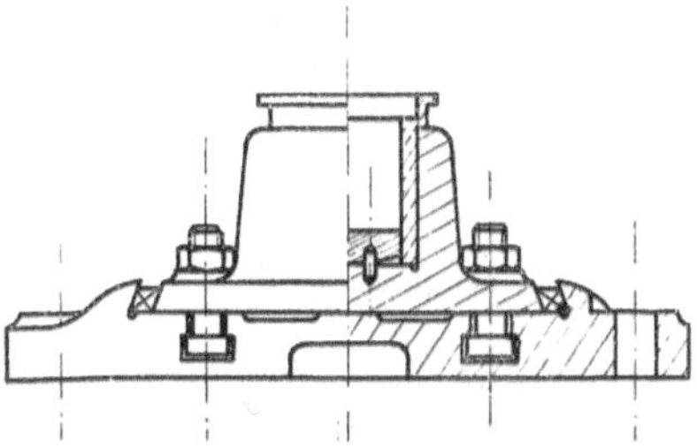

Fig. 111.

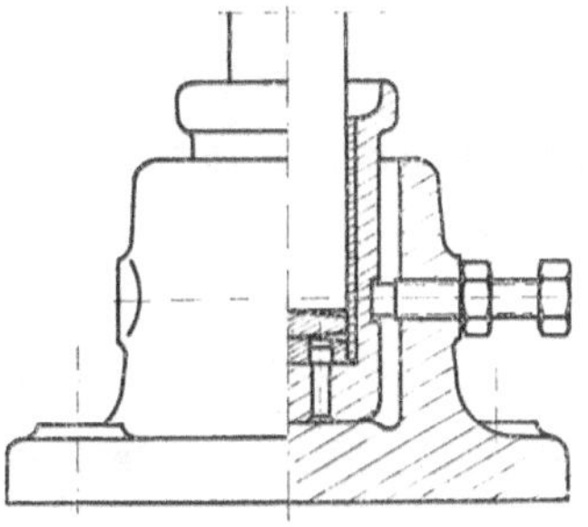

Fig. 112.

Certaines crapaudines sont munies d'un réglage transversal (fig. 112). Plus souvent, un réglage vertical est prévu pour maintenir l'arbre toujours à la même hauteur.

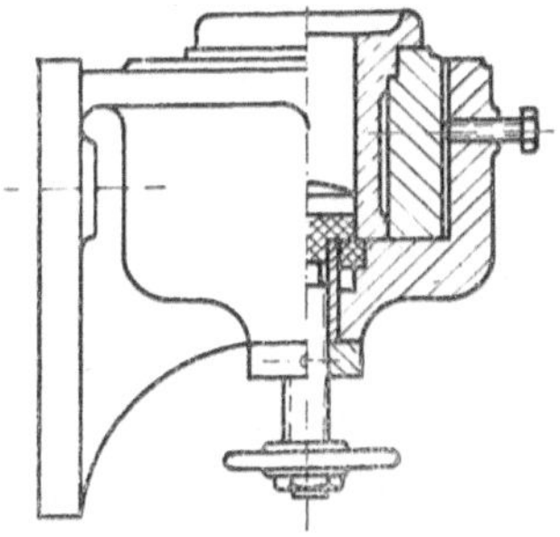

Fig. 113.

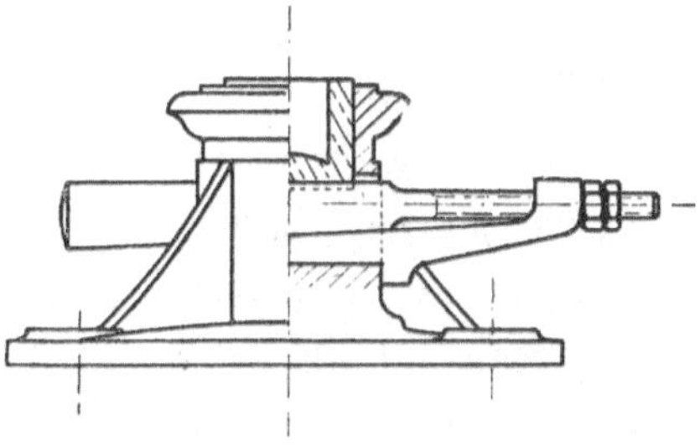

Fig. 114.

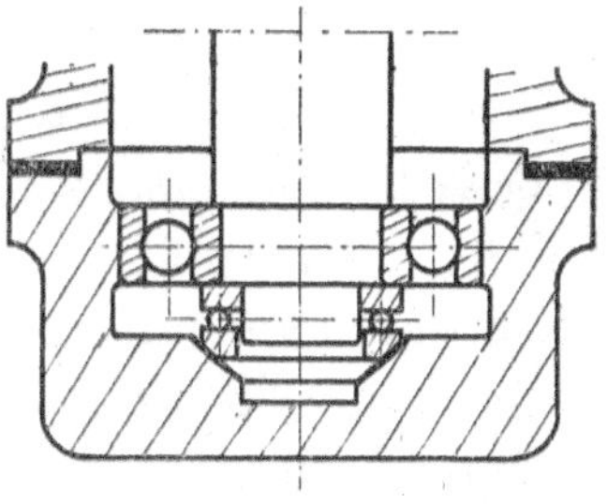

Fig. 115.

Ce réglage peut être obtenu par une vis traversant le fond du corps et venant supporter le grain (fig. 113), montage qui suffit pour d'assez faibles charges, — ou encore par un système clavette et contre-clavette (fig. 114), traversant le corps horizontalement à sa partie inférieure : le coussinet (ou le grain) est supporté par la clavette dont la pente permet un certain réglage dans le sens vertical.

Enfin, la crapaudine peut être montée avec une butée à billes, généralement à portée sphérique (fig. 115).

§ 3. — Roulements à billes et à aiguilles

Comparaison entre les tourillons glissants et les tourillons roulants.

Dans toute machine, une fraction importante de la force motrice fournie est employée uniquement à vaincre les frottements, notamment dans les paliers, et l'expérience comme le calcul montrent que, dans certains cas, cette fraction peut atteindre jusqu'à 50 et 60 %. Or, la majeure partie de cette puissance, absorbée en pure perte, se transforme en chaleur, dont la conséquence est d'aggraver et d'accélérer l'usure des surfaces frottantes.

Dans les paliers lisses, le tourillon glisse dans le coussinet, les surfaces étant séparées par une mince couche d'huile tant que la pression n'est pas trop élevée ; si cette pression devient trop grande, l'huile est expulsée et il y a contact direct des deux métaux, ce qui produit rapidement une forte élévation de température : les surfaces se désagrègent alors, et n'étant plus lisses, s'opposent au glissement. On dit que le palier est *grippé.*

L'expulsion de l'huile est d'autant plus facile que la vitesse est plus faible. On admet donc que le frottement d'un tourillon glissant est fonction de la *pression unitaire* entre les surfaces, de la *vitesse tangentielle* et de la *température*.

Mais, de plus, l'expérience montre que ce frottement dépend du jeu qui existe entre le tourillon et l'alésage, ce jeu devant être suffisant pour favoriser l'interposition de l'huile, et aussi du degré de poli des surfaces des organes, qui facilite le glissement lorsqu'il est plus élevé : c'est ainsi que le frottement diminue, dans un palier neuf, après un certain temps de marche, par suite du rodage des portées qui améliore le poli.

Il est donc nécessaire, en pratique, que l'exécution soit aussi parfaite que possible et, de plus, que le montage correct assure effectivement le contact du tourillon sur toute sa surface avec le coussinet. Car si les surfaces ne sont pas exactement cylindriques, et si, par suite de la flexion de l'arbre ou d'un défaut de montage, le portage n'est pas rigoureux, les éléments du calcul sont faussés, et le frottement prendra des valeurs exagérées jusqu'au grippage. Ceci explique l'emploi des rotules répondant aux objections précédentes.

Enfin, le graissage doit assurer une circulation d'huile suffisante pour éviter l'élévation de température, celle-ci devant être maintenue autour de 30 à 40°.

Avec des paliers à billes, on substitue un roulement au glissement des paliers lisses, et les avantages qui en découlent sont considérables. Le frottement de roulement, en effet, est pratiquement indépendant de la charge supportée et de la vitesse, et sa valeur peut descendre à 1/50 du frottement d'un tourillon glissant bien établi, ce qui procure une économie de force motrice considérable.

Une autre conséquence de l'emploi du roulement réside dans la grande facilité de démarrage, avantage très appréciable dans toutes les machines.

Enfin l'arbre n'étant plus en contact direct avec un organe fixe, il ne peut y avoir ni échauffement, ni usure et le graissage n'a pas besoin d'être aussi abondant, son rôle étant surtout de protéger les surfaces contre l'humidité et les poussières afin de conserver leur poli. Il s'ensuit non seulement une économie de lubrifiant, mais encore une réduction des frais d'entretien importante.

D'ailleurs, la nécessité d'avoir des paliers clos pour protéger les roulements conduit à une grande propreté qu'on ne peut réaliser avec les paliers lisses où l'huile abondante se répand toujours plus ou moins à l'extérieur des paliers.

Cependant, on rencontre dans l'emploi des roulements à billes deux difficultés capitales dont la solution domine nettement les avantages énumérés. En premier lieu le prix élevé de ces organes exige une attention rigoureuse dans le choix du type et des dimensions à adopter pour chaque cas d'application car la considération des efforts et du fonctionnement conduisant à plusieurs solutions différentes, le prix intervient pour fixer le choix suivant la durée normale du mécanisme considéré, suivant aussi que la fabrication porte sur des produits d'usage courant, créés par grandes séries, devant être par conséquent économiques, ou sur des machines très spéciales, coûteuses par elles-mêmes, où le prix des roulements sera tout à fait secondaire.

L'emploi des roulements à billes n'est donc justifié que si la dépense qui en résulte est largement compensée par les avantages procurés.

En second, lieu, si les maisons spécialisées dans la fabrication des roulements fournissent des produits de qualité irréprochable, il est de la plus haute importance, dans leur emploi, de respecter certaines précautions de montage et d'entretien, sous peine d'obtenir de mauvais résultats.

Conditions d'emploi des roulements.

Indépendamment du graissage, étudié plus loin, on doit observer les principes généraux suivants :

1°. Éviter les surcharges pouvant provenir d'emmanchements trop serrés, ou sur des portées imparfaitement cylindriques. Ces surcharges peuvent écailler les surfaces des billes ou des bagues ;

2°. Respecter les tolérances de montage indiquées par le fabricant : montage serré sur l'arbre, à frottement très doux dans la partie fixe ;

3°. S'assurer que le montage prévu permet toujours aux plans moyens des bagues d'être confondus, car si l'une d'elles est déportée (fig. 116), les billes sont coincées et brisées par surcharge latérale. À cet effet, prévoir un jeu latéral pour la bague extérieure montée à frottement doux, pour qu'elle puisse se déplacer.

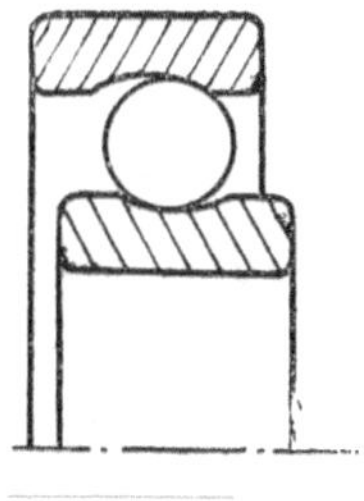

Fig. 116.

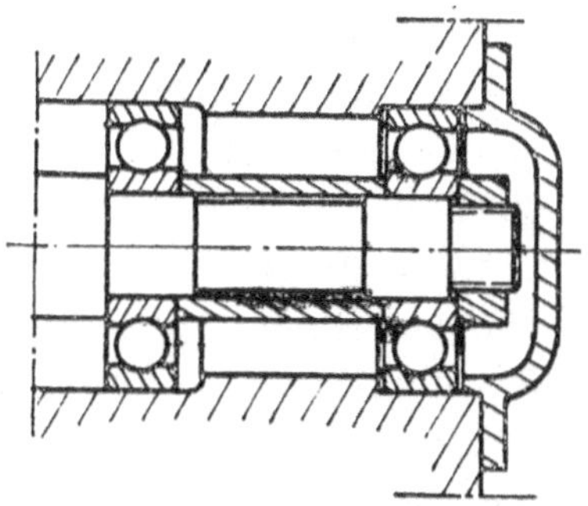

Fig. 117.

S'il y a plusieurs roulements, et pas de poussée axiale prévue, ne bloquer la bague extérieure latéralement que sur l'un d'eux (fig. 117).

4°. En cas de *poussée axiale*, prévoir une butée, ou des rouleaux coniques. S'il y a flexion de l'arbre, ou défaut d'alignement, prévoir des roulements à rotule, sur billes ou sur rouleaux-tonneaux ;

5°. Mettre *rigoureusement* les roulements à l'abri, jamais à découvert.

Observations sur le montage des roulements.

Bloquer le roulement sur un épaulement de l'arbre par un écrou freiné (fig. 118) ; si l'arbre ne peut présenter d'épaulement, fixer le roulement par manchon conique orienté de manière que l'écrou soit vissé dans le sens contraire de la rotation.

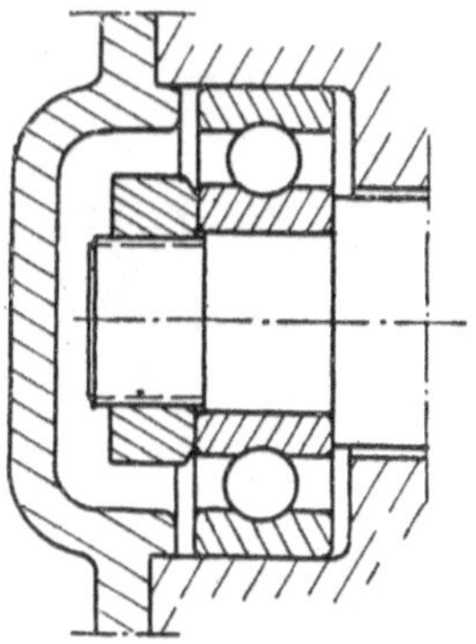

Fig. 118.

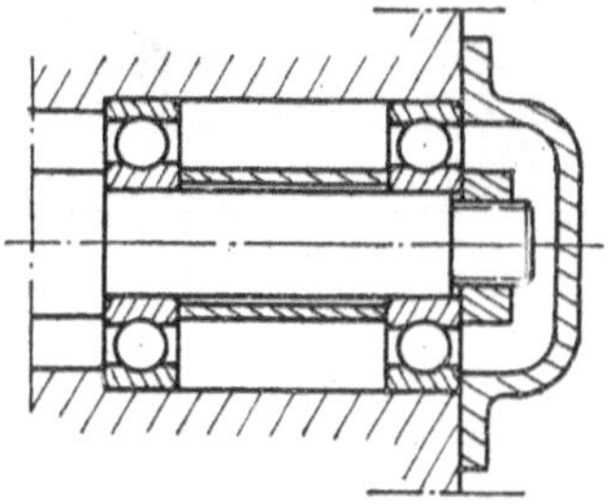

Fig. 119.

Les tubes entretoises maintenant l'écartement de deux roulements doivent être centrés sur des portées de l'arbre (fig. 117), avoir des faces bien dressées, perpendiculaires à l'axe ; éviter de pincer les bagues extérieures (fig. 119).

Si le support est en deux pièces, prévoir un chapeau à emboîtement à large portée de joint (fig. 120 *a*) pour éviter son ovalisation ; employer de préférence un joint plat avec pastilles rectifiées *b* assurant la position du chapeau dans les deux sens.

Prévoir le *passage des outils* pour le montage ou le démontage.

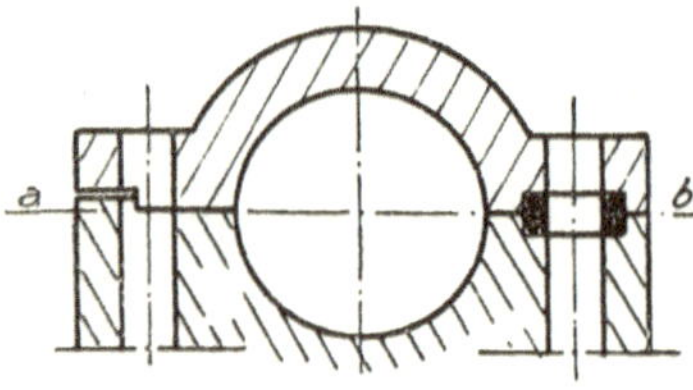

Fig. 120.

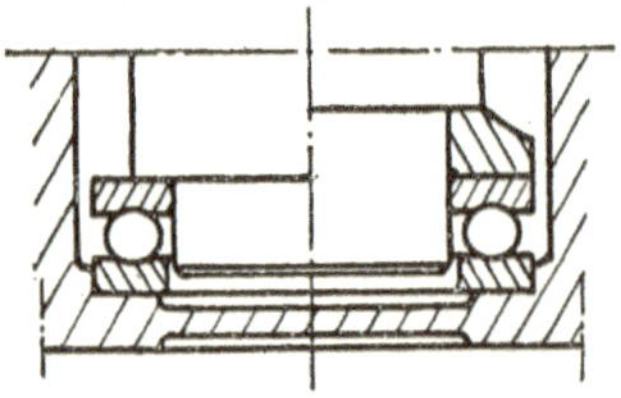

Fig. 121.

Butées.

Monter les rondelles plates bien parallèles afin de répartir la charge sur toutes les billes ; prévoir un large épaulement de l'arbre sur la rondelle tournante (fig. 121) montée à frottement doux, et la rondelle fixe, avec jeu intérieur et extérieur.

Employer les butées sphériques s'il y a risque de déformation de l'arbre ; si la butée est combinée avec un roulement à rotule (fig. 122), *faire coïncider les centres des surfaces sphériques.*

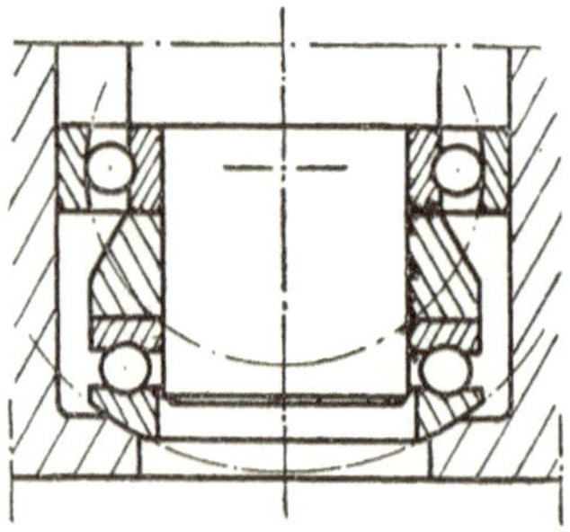

Fig. 122.

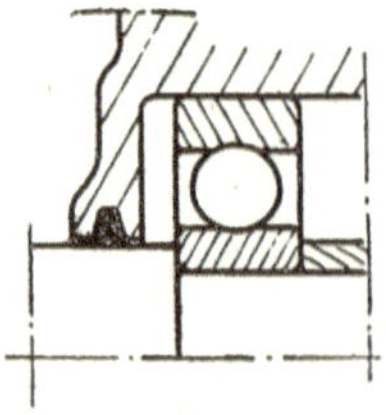

Fig. 123.

Protéger les roulements par des couvercles munis de rondelles de feutre (fig. 123) ou de cannelures circulaires ou hélicoïdales, avec bourrage de graisse, ou prévoir, contre l'eau, des rondelles en chicanes, ou un feutre avec bourrage de graisse combiné avec une rondelle à chicane.

Précautions pour la mise en place ou le démontage.

Ne jamais frapper directement sur le roulement ; pour l'emmanchement sur l'arbre, employer un jet en bronze (fig. 124), ou un tube (fig. 125) avec rondelle de cuir ou fibre et frapper sur la bague intérieure, jamais sur la bague extérieure.

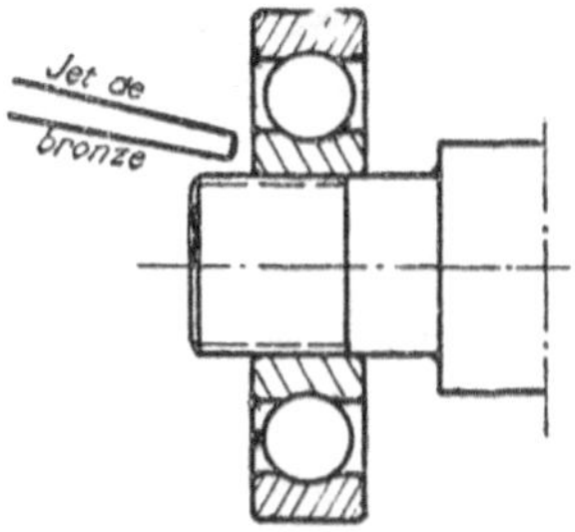

Fig. 124.

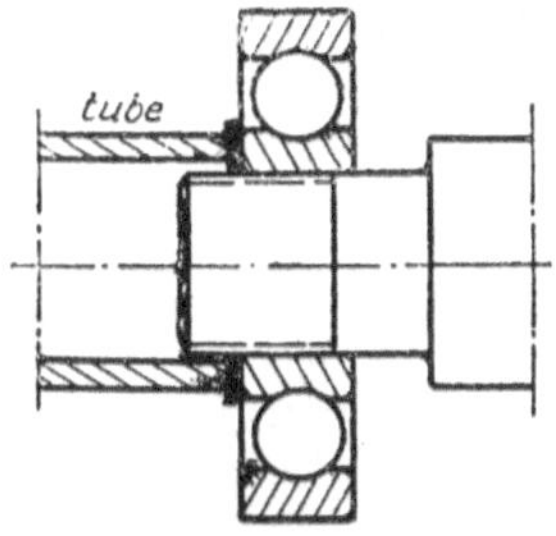

Fig. 125.

- Bien essuyer les portées pour enlever toute poussière et les suiffer.
- Frapper sur l'arbre pour démonter, et si possible, pour le montage.
- Vérifier sur les dessins que le montage et le démontage seront faciles.

Graissage et entretien.

Si les roulements exigent le minimum de graissage, ils ne doivent jamais tourner à sec, le but du lubrifiant étant surtout de les protéger contre les poussières et l'humidité, afin de conserver leur poli aux surfaces.

À la température ordinaire, et pour des vitesses assez faibles, employer la graisse consistante, plus commode et donnant une meilleure étanchéité. Pour des températures supérieures à la normale, et les grandes vitesses, utiliser l'huile minérale de bonne qualité, d'autant plus fluide que la température est moins élevée et la vitesse plus grande.

N'employer que des lubrifiants purs et neutres (sans acidité), en général des graisses ou huiles spéciales pour roulements.

Mettre la quantité d'huile juste nécessaire, son niveau au repos ne dépassant pas le centre de la bille inférieure ; avec la graisse, remplir aux trois-quarts. Visiter et nettoyer une fois par an en moyenne.

Roulements à aiguilles.

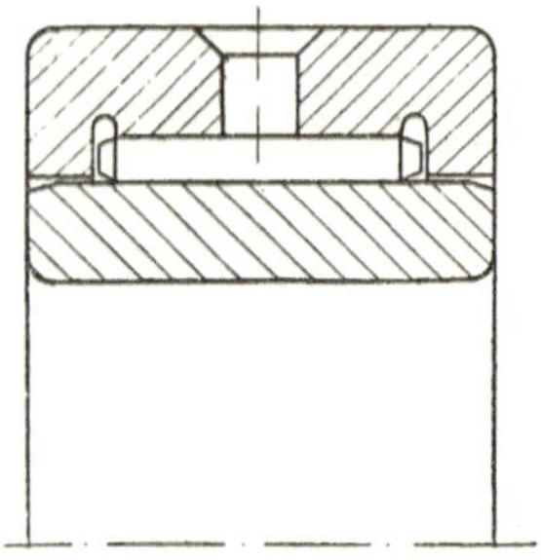

Fig. 126.

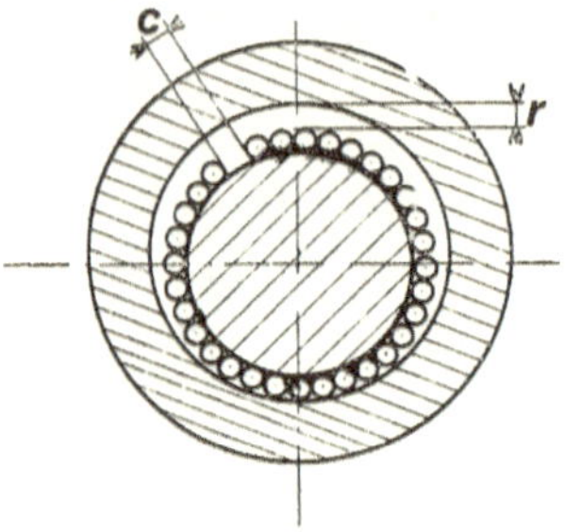

Fig. 127.

Ils sont constitués par des cylindres de très petit diamètre (2 à 5 mm) montés entre le tourillon et l'alésage, sans aucun autre guidage. Bien entendu, les surfaces doivent présenter une dureté suffisante et être rectifiées, sinon, on emploie des roulements à aiguilles complets, c'est-à-dire où les aiguilles sont comprises entre deux bagues, construites à cet effet (fig. 126). On recommande de monter ces roulements de manière à prévoir un jeu radial *r* (fig. 127) au moins égal à 0,02 mm, un jeu axial a (fig. 128) compris entre 0,02 mm et 0,05 mm, et un jeu circonférentiel *c* au moins égal à 0,05 mm et inférieur au diamètre d'une aiguille.

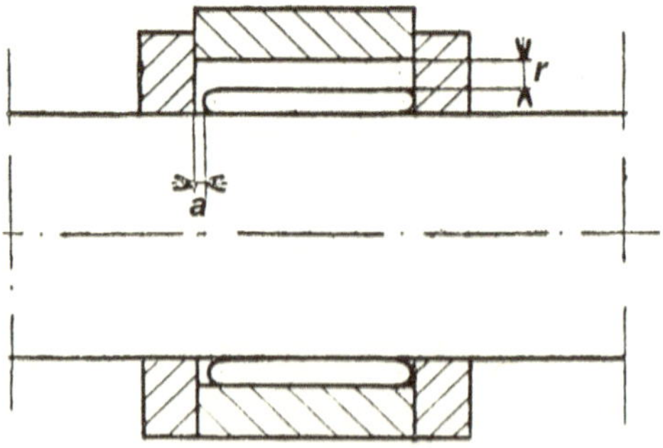

Fig. 128.

Étant donnée cette disposition, le roulement à aiguilles a l'avantage de supporter des charges beaucoup plus élevées que les roulements à billes, sous un encombrement moindre. Il peut tourner à des vitesses beaucoup plus grandes, la force centrifuge n'ayant pas beaucoup d'action sur de si petites masses.

Enfin, on constate un frottement beaucoup plus faible, car le montage à aiguilles réalise un mouvement combiné de glissement et de roulement, dans lequel les surfaces métalliques ne sont presque jamais en contact direct, car l'huile entraînée par capillarité entre les interstices très petits formés par les aiguilles s'interpose continuellement entre les surfaces ; il n'y a roulement et contact qu'au passage dans le plan de la charge, le reste du temps les aiguilles glissent et ne servent qu'à entraîner et maintenir l'huile entre les surfaces.

Cette particularité a fait désigner ce montage *à tourillon roulant et glissant*. Les avantages des roulements à aiguilles résident dans la simplicité de leur construction, leur encombrement très réduit et leur faible poids, outre la résistance aux fortes charges due à la portée sur toute la longueur.

Enfin la facilité de graissage assure une longue durée sans usure appréciable, et le montage ne demande que des précautions faciles à réaliser, par les jeux indiqués, et la nécessité de bloquer les bagues, lorsqu'elles sont employées, dans les deux sens (fig. 129).

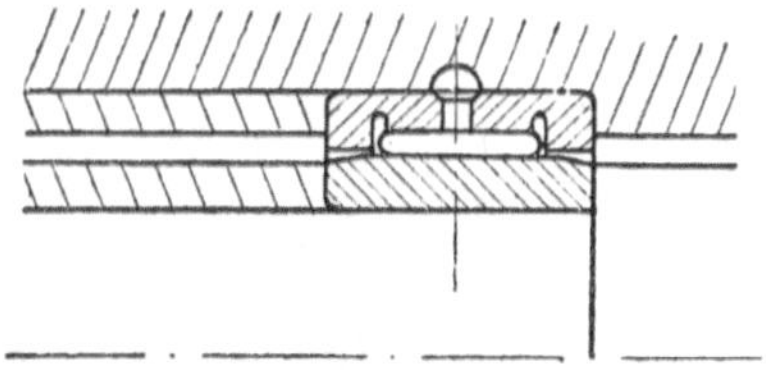

Fig. 129.

Pour le graissage, on recommande la disposition à trous d'amenée de l'huile au milieu du chemin de roulement, ces trous étant reliés par une gorge exécutée dans l'alésage qui reçoit la bague (fig. 129). D'ailleurs, ce graissage peut être obtenu soit par immersion, soit par projections d'huile, soit par injection sous pression au cas de grandes vitesses, soit par graisse consistante, auquel cas il faut prévoir des réserves de graisse suffisantes.

Le montage des aiguilles est très simple : on les maintient dans leur logement à l'aide de graisse consistante pendant la

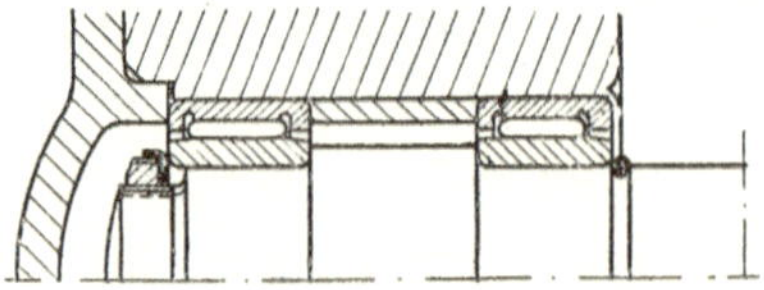

Fig. 130.

mise en place. Les aiguilles ne devant jamais supporter de poussée axiale, les chemins de roulement doivent être prévus assez larges pour que, par suite des déplacements de l'arbre, elles continuent quand même à porter sur toute leur longueur sans jamais être butées par bout. Les figures 130, 131 et 132 montrent trois exemples de montage de ces roulements.

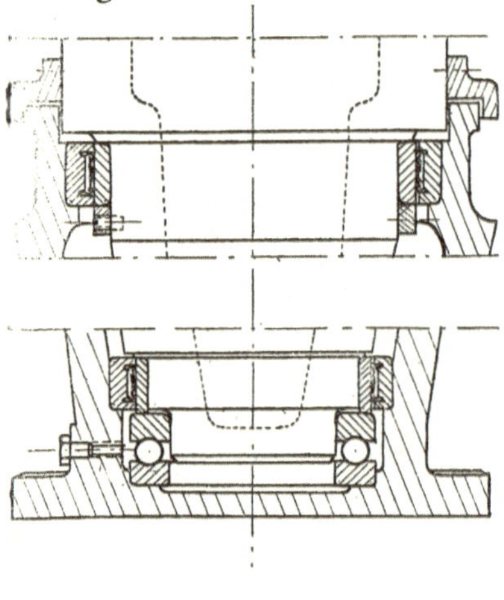

Fig. 131.

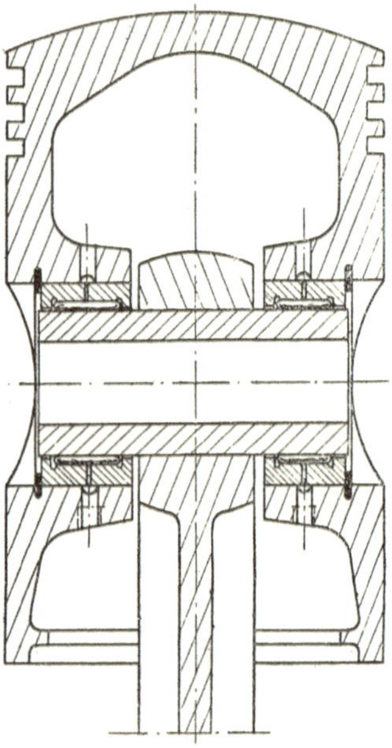

Fig. 132.

§ 4. Remarques sur le graissage des paliers

On a vu précédemment les différents dispositifs adoptés pour assurer le graissage des tourillons glissants et qui ont pour but, en général, d'établir une circulation d'huile entre les surfaces frottantes. Mais pour que le graissage soit efficace, certaines conditions doivent être observées dans la construction des paliers, qui résultent de nombreuses recherches effectuées sur cette question, d'importance capitale puisqu'elle conditionne la vie même des machines. Il est donc essentiel de donner un aperçu de la théorie du graissage établie.

On démontre le principe fondamental suivant : si on introduit de l'huile entre deux surfaces frottantes parallèles, elle est expulsée par une pression exercée sur les surfaces, mais si l'une des surfaces est inclinée sur l'autre, de manière que la couche d'huile diminue dans le sens du déplacement (fig. 133), l'huile pourra supporter une certaine charge sans être chassée, et d'autant mieux que l'inclinaison sera plus faible, sans être jamais nulle. Ceci suppose que l'huile est introduite sans pression initiale, car le principe ne s'applique plus au cas d'un graissage forcé. On comprend ainsi que si une mince pellicule d'huile arrive à se maintenir malgré la charge entre les surfaces, il n'y aura pas contact direct entre elles, et le frottement résultera seulement de la viscosité de l'huile ; de plus, il n'y aura pas usure des surfaces.

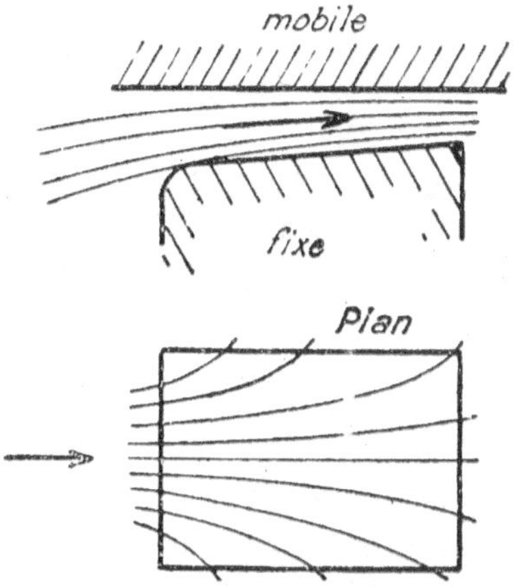

Fig. 133.

Dans la pratique, l'application du principe énoncé semble assez difficile ; pour les paliers de butée importants, la réalisation est commode puisqu'on peut avoir des surfaces de portée planes : un disque, solidaire de l'arbre, s'appuie sur une couronne formée de plusieurs segments fixes et au lieu d'usiner chaque segment suivant un plan incliné, on lui permet d'osciller sur une rotule, de manière à ce qu'il puisse prendre, de lui-même, une position d'équilibre légèrement oblique, suivant la charge supportée et la résistance de l'huile.

Dans les paliers d'appui, on obtient un résultat analogue, mais moins bon, en laissant un certain jeu, très faible, entre le tourillon et l'alésage, et en pratiquant un chanfrein le long des génératrices horizontales du coussinet ; dans sa rotation, l'arbre tend à monter (fig. 134) et les deux surfaces ne sont plus tout à fait concentriques, de sorte qu'on réalise à partir du chanfrein qui forme chambre d'huile, une pellicule d'huile dont l'épaisseur va en diminuant dans le sens du mouvement. Il y a intérêt, d'ailleurs, à arrondir l'arête du chanfrein pour faciliter la pénétration de l'huile.

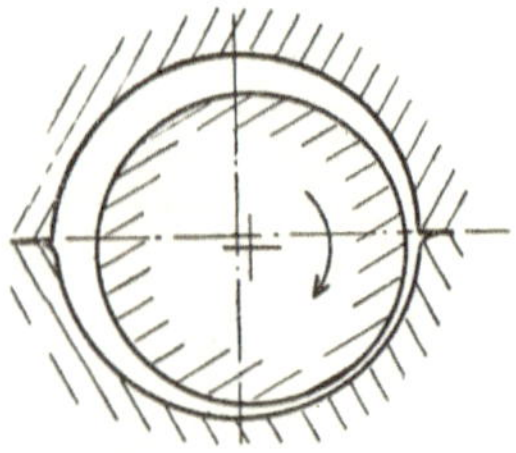

Fig. 134.

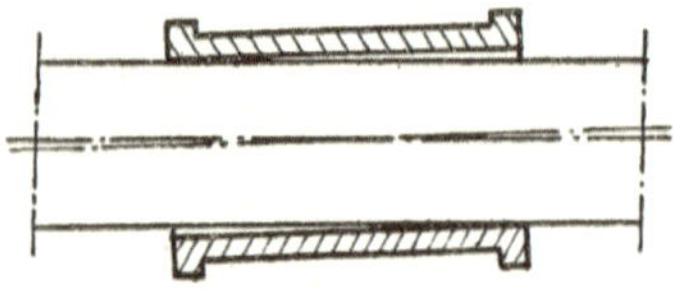

Fig. 135.

On doit noter, cependant, que la température de l'huile augmente pendant le trajet, sa viscosité diminue, ainsi que sa faculté de supporter la charge sans expulsion ; la longueur du plan incliné ne doit donc pas être trop grande. Or, dans les paliers d'appui, cette longueur est forcément assez importante, ce qui diminue la capacité de charge.

Par ailleurs, une partie de l'huile s'échappe latéralement, les trajectoires des filets d'huile ne restent pas parallèles au sens du mouvement (fig. 133, *plan*), ce qui diminue la capacité de charge ; il y aurait donc intérêt à augmenter la longueur de portée pour réduire l'importance des fuites latérales, mais alors la pression unitaire diminue ; or, il est démontré que le frottement est plus faible quand cette pression augmente, aussi emploie-t-on, en général, des longueurs de portées variant entre 1,5 à 2 fois le diamètre du tourillon.

Tout ceci suppose, bien entendu, que le tourillon porte toujours parfaitement dans l'alésage (fig. 135), sur toute sa longueur. Comme on ne peut éviter une certaine flexion de l'arbre, il est indispensable de monter le coussinet sur rotule pour assurer de bonnes conditions de fonctionnement, surtout lorsque les portées sont longues.

Enfin, on voit, par cet aperçu succinct, que la qualité de l'huile a une grosse influence. La meilleure huile est celle qui présente une grande viscosité tout en étant assez fluide pour faciliter la pénétration ; elle doit aussi présenter le plus petit frottement possible, et être capable d'une grande capacité calorifique.

Enfin, l'huile de graissage doit être pure, exempte d'acidité susceptible d'attaquer les métaux, et de toute impureté, notamment de résine ou de talc avec lesquels on falsifie l'huile pour augmenter sa viscosité, mais qui encrassent les canaux et occasionnent un frottement considérable.

À noter également que l'huile doit pouvoir résister aux hautes températures sans être vaporisée ni décomposée. On mesure à cet effet son point d'inflammation, qui doit être aussi élevé que possible.

En service, l'huile de graissage se charge d'impuretés, poussières, particules métalliques, etc... qui nuisent à ses facultés lubrifiantes, en diminuant l'onctuosité, et en formant des dépôts plus ou moins durs sur les surfaces.

Il est d'usage de réemployer une huile ayant déjà servi après épuration dans des appareils filtrants ou épurateurs. Mais il faut bien remarquer que si cette opération élimine les impuretés, elle ne rend pas à l'huile ses qualités lubrifiantes, le service ayant modifié ses propriétés.

Si le procédé est admissible dans certains cas par l'économie qu'il procure, il est en général peu recommandable, surtout dans les machines importantes, à service dur ou à fonctionnement précis où il est préférable, de beaucoup, de remplacer l'huile usée par de l'huile neuve.

CHAPITRE IV

CHAISES

1. — GÉNÉRALITÉS. DIFFÉRENTS TYPES

Les paliers supportant les arbres de transmissions reposent eux-mêmes sur des organes, appelés chaises, pouvant être fixés soit sur des murs, sur des colonnes ou sur des poutres, soit placés directement sur le sol.

L'écartement des supports d'une transmission se détermine d'après l'agencement des bâtiments (disposition des murs, des ouvertures de la charpente, etc...).

Il est évident qu'il y a intérêt à écarter les supports, pour en diminuer le nombre et faciliter la disposition des poulies et des machines, mais les limites d'écartement permises sont restreintes par le diamètre des arbres.

La forme et les dimensions des chaises dépendent des efforts qu'elles ont à supporter, et aussi de la distance séparant l'axe de la transmission du plan de fixation de la chaise.

Cette distance *p*, caractéristique de la chaise, doit être, sauf cas particuliers, au moins égale au rayon de la plus grande poulie montée sur la transmission.

Construction.

Les chaises sont construites en fonte. Elles comprennent, en principe, une semelle recevant le palier, un patin de fixation de la chaise, des bras ou montants reliant ces deux parties.

Chacune des semelles présente des bossages percés de trous pour le passage des boulons ; les surfaces d'appui sont évidées lorsqu'elles doivent être rabotées. La section des bras ou montants est étudiée, suivant les cas, pour obtenir le maximum de résistance et de rigidité avec le minimum de poids ; en général, on emploie des sections nervurées.

Selon leur position, les chaises prennent le nom de : *semelle indépendante, chaise au sol, chaise murale, chaise pendante* (en crosse ou en V), *pendarts*, etc...

1°. Semelle indépendante (fig. 136).

Les semelles indépendantes sont destinées à fixer les paliers sur un massif de maçonnerie. Elles sont en fonte et présentent des formes permettant, une fois scellées, de régler la position du palier dans les deux sens perpendiculaires : des rainures en T pour le passage des têtes de boulons facilitent le réglage dans le sens longitudinal, des talons et des cales permettent le réglage transversal. (Cotes normalisées, voir tableau VII, CNM 121).

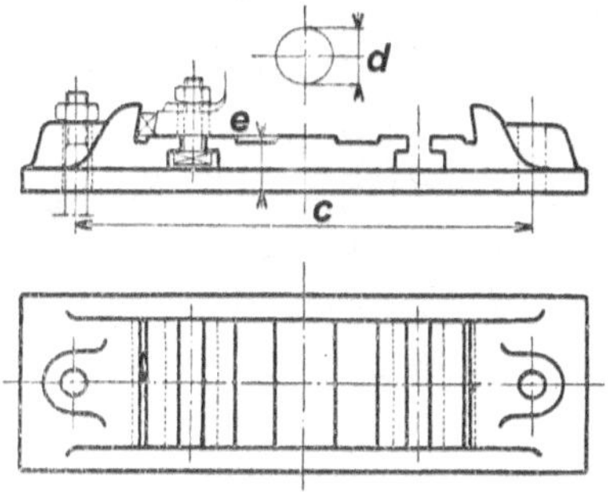

Fig. 136.

Tableau VII
Semelles pour paliers (CNM 121)

d	c	e	BOULONS diamètre	BOULONS nombre
25 30	260	35	16	2
35 40	290	40	16	2
45 50	330	45	20	2
60	360	50	20	2
70	410	55	22	2
80	460	60	24	2
90	520	65	27	2
100	650	75	30	2
120	750	90	24	4
150	850	110	27	4

2°. Chaise au sol (fig. 137).

Lorsque la hauteur d'axe de la transmission au-dessus du sol est trop importante, pour éviter un massif de maçonnerie trop haut, on utilise des chaises au sol ou chevalets, dont la

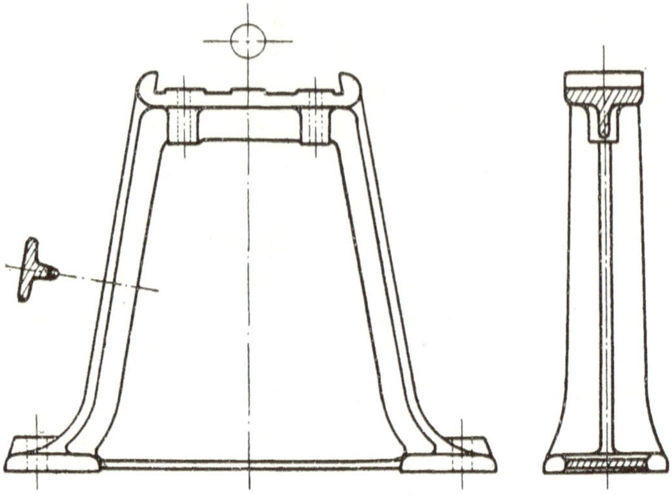

Fig. 137.

semelle supérieure servant à la fixation du palier présente les mêmes caractéristiques qu'une semelle indépendante ; la semelle inférieure comporte un seul patin, ou deux, reliés par une toile ou non. Des montants droits, ou courbes, relient les deux semelles; on peut donner des section en √ ou **H** suivant l'importance de la chaise, et si la hauteur est assez grande, entretoiser les montants par un ou deux bras horizontaux.

3°. Console ou chaise murale (fig. 138).

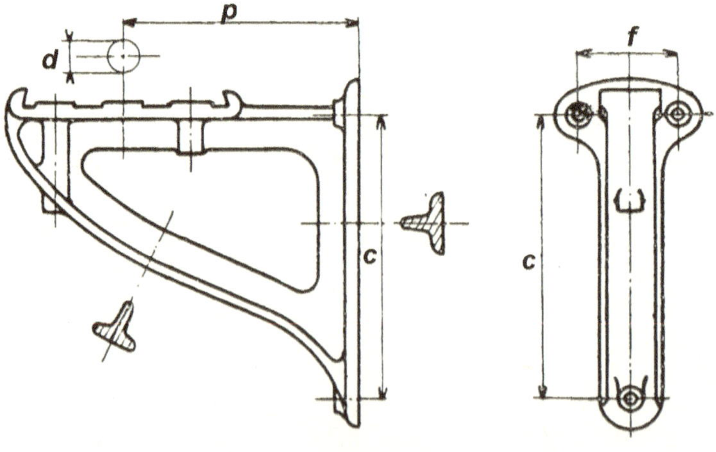

Fig. 138.

Les chaises murales comprennent une semelle horizontale (fixation du palier) et une semelle verticale (fixation au mur). Un bras oblique relie les deux extrémités des semelles, donnant la résistance et la rigidité nécessaires à l'organe ; ce bras est droit ou parabolique. On peut employer suivant la portée *p* de la chaise l'une des sections déjà indiquées. (Voir tableau VIII, CNM 123).

Tableau VIII. Chaises consoles (CNM 123)

d	c	p	f
25 et 30	300	250	120
	400	350	
	500	450	
35 et 40	300	250	120
	400	350	
	500	450	
	600	550	
45 et 50	300	250	140
	400	350	
	500	450	
	600	550	
	700	650	

d	c	d	f
60	400	350	140
	500	450	
	600	550	
	700	650	
	800	750	
70	400	350	160
	500	450	
	600	550	
	700	650	
	800	750	
80	400	350	180
	500	450	
	600	550	
	700	650	
	800	750	

d	c	p	f
90	500	450	200
	600	550	
	700	650	
	800	750	
100	500	450	220
	600	550	
	700	650	
	800	750	
120	600	550	240
	700	650	
	800	750	

On construit des consoles dont la semelle supérieure présente une rainure en **T** (fig. 139), ce qui permet un réglage du palier d'assez grande amplitude par rapport au mur.

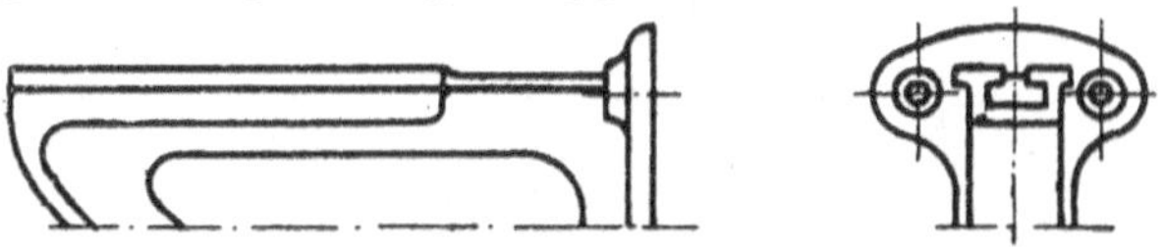

Fig. 139.

4°. Chaises pendantes (fig. 140 et 141).

Les chaises pendantes ont leur semelle de fixation horizontale et placée au-dessus du palier, disposition nécessitée par le passage de la transmission sous un plancher. Pour une transmission légère, un seul bras la relie à la semelle recevant le palier (fig. 140, chaise en J ou en crosse), mais l'arbre est ainsi soutenu en porte-à-faux.

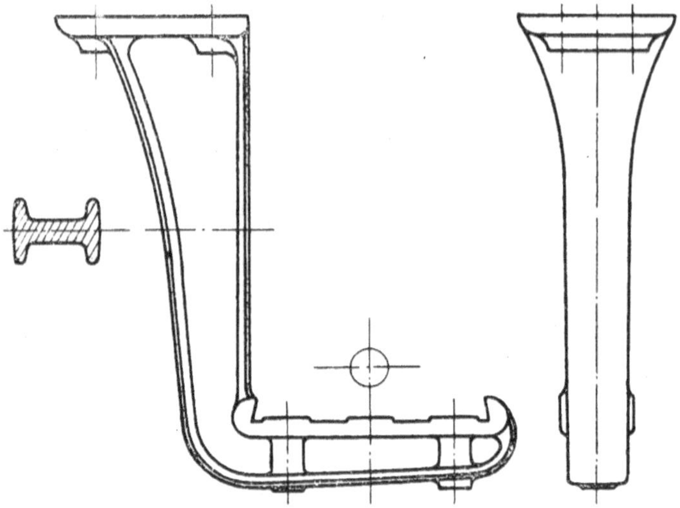

Fig. 140.

Pour une transmission plus importante, la chaise comporte deux bras, pour supprimer le porte-à-faux, mais alors le montage de l'arbre est plus difficile (fig. 141, chaise en V).

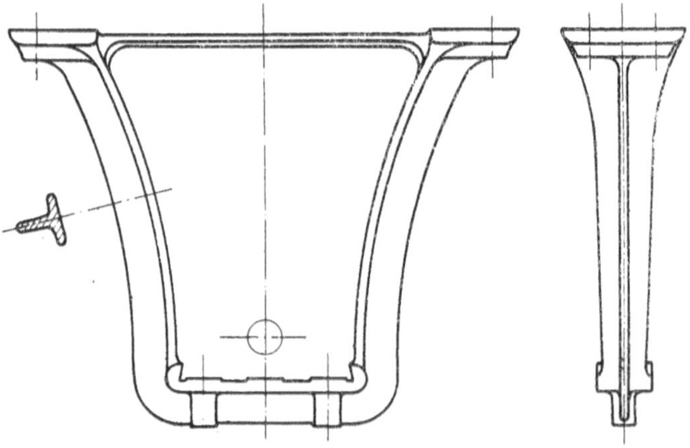

Fig. 141.

5°. Pendarts (fig. 142).

Les pendarts sont des supports analogues aux chaises pendantes. Ils sont caractérisés par un corps cylindrique creux sur lequel est fixée une douille portant un bras cylindrique également ; le palier, de forme spéciale, est fixé sur ce bras.

Grâce à cette disposition, le palier peut être orienté dans tous les sens, par rotation autour du bras horizontal et autour du corps vertical. La semelle de fixation du corps peut être verticale (fig. 142) ou horizontale (fig. 143).

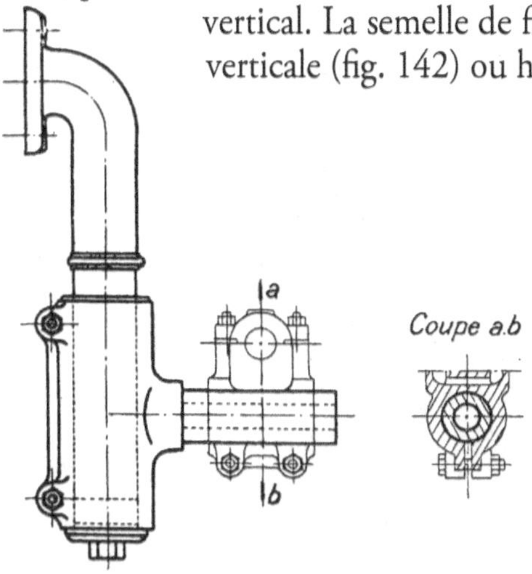

Fig. 142.

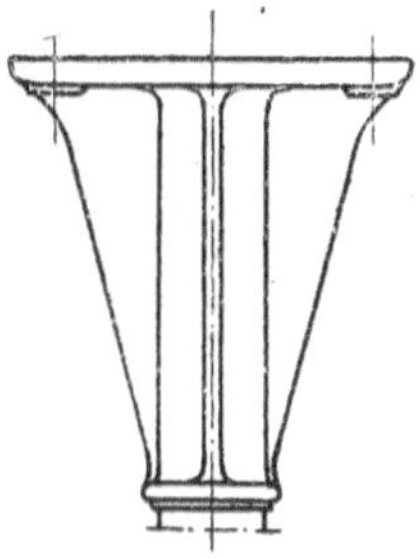

Fig. 143.

6°. Chaise en bout, niche.

On peut avoir à supporter l'arbre à un bout contre un mur qui lui est perpendiculaire. On utilise la chaise en bout (fig. 144) qui est une console spéciale, ou la niche (fig. 145) lorsqu'on peut pratiquer un évidement dans le mur, ou encore si l'arbre le traverse. (Tableaux IX et X).

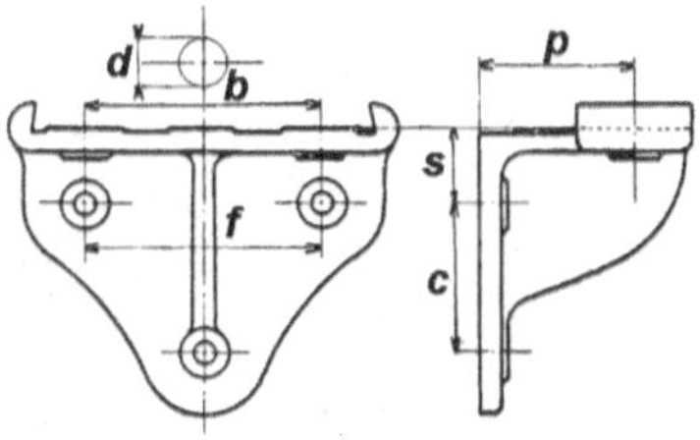

Fig. 144.

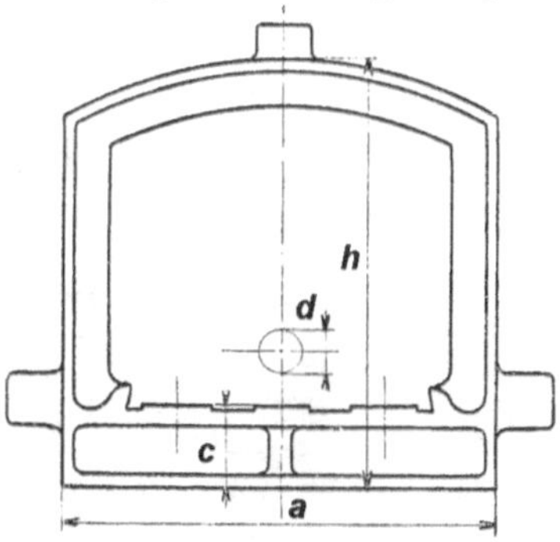

Fig. 145.

7°. Chaise sur colonne (fig. 146).

C'est une console dont la semelle est remplacée par un collier en deux pièces permettant de bloquer le support sur une colonne cylindrique à hauteur convenable.

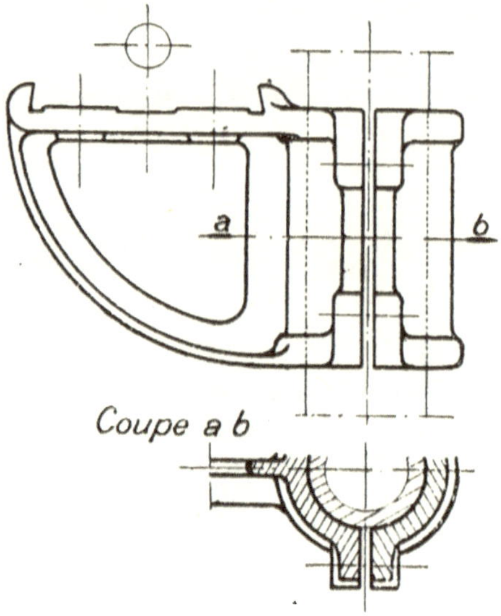

Fig. 146.

Tableau IX. — Chaises en bout (CNM 123)

d	*b*	*c*	*f*	*p*	*s*
25 30	150	110	150	110	45
35 40	170	130	170	130	45
45 50	200	150	200	150	50
60	230	170	230	170	50
70	260	190	260	190	55
80	290	210	290	210	60
90	320	240	320	240	70
100	370	280	370	280	80
120	450	350	450	350	90

TABLEAU X
Niches murales (CNM 121)

d	*a*	*h*	*e*
25 30	330	250	35
35 40	360	300	40
45 50	410	350	45
60	450	380	50
70	510	430	55
80	570	480	60
90	650	540	65
100	790	600	75
120	910	700	90
150	1050	850	110

TABLEAU XI
Paliers pendants (CNM 122)

d	*c*	*p*
25-30	240	200
	320	300
	400	400
35-40	320	300
	400	400
	480	500
45-50-60	320	300
	400	400
	480	500
	560	600
70-80-90	400	400
	480	500
	560	600
	640	700

8°. Chaises paliers (fig. 147).

Dans tous les types de chaises, pour d'assez petites dimensions, on peut faire venir de fonderie le corps du palier d'une seule pièce avec la chaise : cela supprime le réglage du palier par rapport à la chaise. Mais dès que la dimension est un peu importante, il est préférable de séparer les deux organes, à cause surtout des difficultés d'usinage.

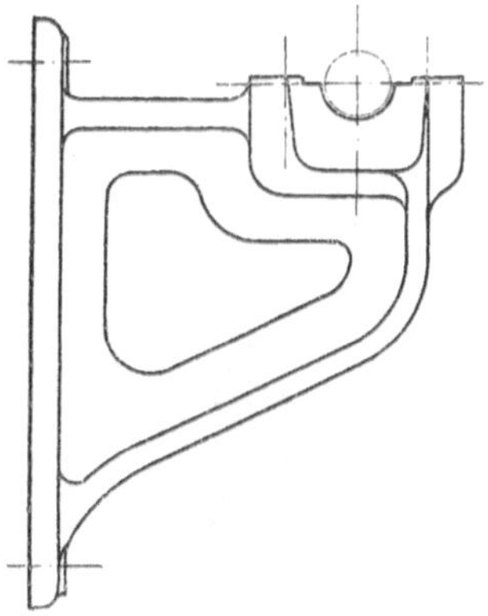

Fig. 147.

9°. Chaises spéciales.

La chaise Sellers (fig. 148) est une chaise pendante dans laquelle la fixation du palier par semelle fixe est remplacée par une fixation à rotules permettant le réglage en hauteur. Le palier, de

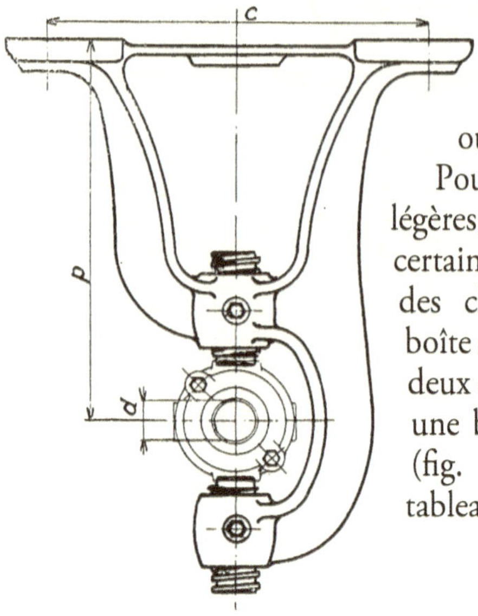

Fig. 148.

forme spéciale, est réduit à une sorte de boîte portant les coussinets, ou un roulement.

Pour des transmissions très légères, montées sur billes, certaines maisons construisent des chaises dans lesquelles la boîte à billes est maintenue entre deux colonnettes cylindriques et une butée, réglable en hauteur (fig. 149, chaise SKF). (Voir tableaux XI et XII, CNM 122).

TABLEAU XII

Paliers consoles à rotules (CNM 122)

d	*c*	*p*
25-30-35-40	380	150
	400	200
	430	300
	460	400
45-50-60-70	380	150
	400	200
	430	300
	460	400
	500	500

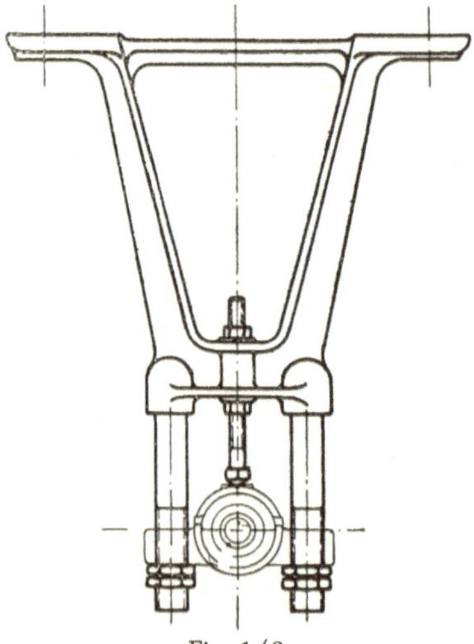

Fig. 149.

§ 2. Réglage des transmissions

On a vu précédemment l'importance qu'il faut attacher à une portée parfaite des tourillons des arbres dans leurs coussinets, pour que le graissage puisse avoir lieu dans de bonnes conditions. Dans une transmission, cette importance est encore plus grande, à cause de la grande longueur de l'arbre ; celui-ci doit être parfaitement aligné, c'est-à-dire en ligne droite, son axe coïncidant rigoureusement avec l'axe des différents paliers ; de plus, la transmission doit être montée bien horizontale, les différents organes qui viennent se fixer sur l'arbre étant prévus pour fonctionner dans cette position.

Le réglage d'une transmission doit donc s'effectuer avec grand soin, et c'est pourquoi l'emploi des rotules est recommandé, pour compenser les défauts de montage.

En principe, après avoir monté les chaises en place, on les aligne approximativement à l'aide d'un niveau à bulle d'air pour les chaises à surface d'appui horizontale (avoir soin de présenter le niveau dans les deux sens : parallèlement et perpendiculairement à la direction de la transmission) ; à l'aide du fil à plomb pour les chaises pendantes (de face et de côté). Ce réglage s'opère en donnant de légers coups de marteau d'un côté ou de l'autre de la semelle de la chaise, ou en resserrant l'un ou l'autre des boulons de fixation.

On tend ensuite un cordeau figurant la direction de l'arbre, et on vérifie à l'aide d'une équerre que toutes les chaises sont bien perpendiculaires à ce cordeau. On prépare les paliers en nettoyant soigneusement l'intérieur, (surtout si ce sont des paliers à billes), en vérifiant l'emboîtement des chapeaux et en repérant les pièces si elles ne le sont pas déjà. On boulonne les corps de paliers sur les chaises en réglant leur position à l'aide du cordeau tendu au contact de tous les coussinets. Puis on opère comme il suit.

Essuyer l'arbre, monter dessus les bagues d'arrêt s'il y en a, ou les roulements ; avoir soin, le cas échéant, d'orienter les manchons coniques de ceux-ci dans le bons sens, les écrous devant être serrés dans le sens opposé à la rotation de l'arbre.

Placer l'arbre dans ses portées. Vérifier son horizontalité au niveau à bulle. Tendre le cordeau au-dessous et vérifier le parallélisme de l'arbre avec le cordeau à l'aide d'un fil à plomb double posé sur l'arbre et d'une règle graduée à encoche posée sur le cordeau ; revérifier l'horizontalité.

Fixer à leur place les bagues d'arrêt, s'il y a lieu, sans jeu de chaque côté d'un seul palier, avec jeu pour les autres ; pour les roulements à billes, une seule bague extérieure sans jeu, les autres doivent pouvoir se déplacer, (dans ce dernier cas, serrer tous les écrous des manchons et rabattre les languettes de tôles-freins). Garnir tous les paliers de lubrifiant et mettre en place, s'il y a lieu, les bagues de graissage qu'il vaut mieux prévoir en deux pièces.

Enduire d'huile les coussinets et les chapeaux, les mettre en place et les serrer modérément.

Vérifier sur tous les paliers que l'arbre ne touche pas les joues à la sortie (s'il y en a).

CHAPITRE V

ROUES DE TRANSMISSION

Généralités.

La transmission du mouvement entre deux arbres s'effectue par l'intermédiaire de roues dont la construction et la disposition varient avec la position relative des axes et le mode d'action utilisé. On distingue tout d'abord :

1°. Les ***roues à friction*** dont le pourtour est lisse, et qui agissent par frottement ;

2°. Les ***roues dentées*** à pourtour muni de dents et agissant par entraînement absolu.

Dans les deux cas, les roues peuvent être à *action directe* : les axes étant à faible distance, les pourtours sont en contact direct, ou à *action indirecte*, les axes étant éloignés, les pourtours sont reliés par un lien flexible.

I. Roues de friction

On nomme plus spécialement *roues de friction* celles qui agissent par frottement et par action directe. Les surfaces en contact sont des surfaces de révolution.

Pour que l'entraînement ait lieu, il faut que la génératrice de contact soit située dans le plan contenant les axes ; il en résulte deux dispositions, suivant que les axes sont *parallèles* (fig. 150) roues de friction cylindriques, ou *concourants* (fig. 151), à angle

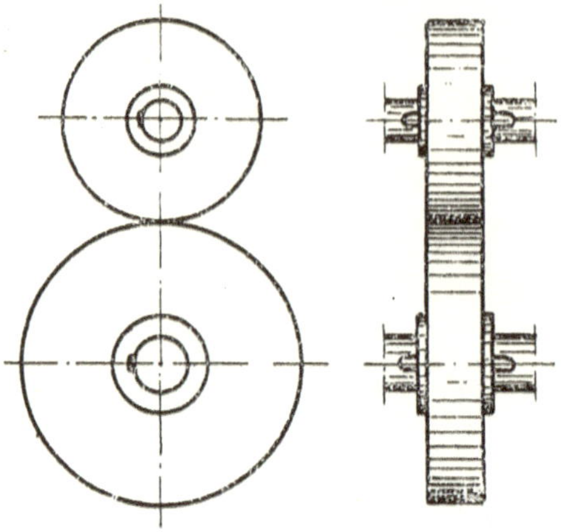

Fig. 150.

droit ; (fig. 152), à angle aigu ou en *fausse-coupe* (roues de friction coniques).

D'autre part, le frottement entre les surfaces de contact doit être suffisant pour vaincre l'effort résistant, d'où la nécessité d'un dispositif permettant d'exercer une certaine pression entre les roues (généralement par ressorts), et le choix de matières à frottement élevé pour constituer leurs surfaces.

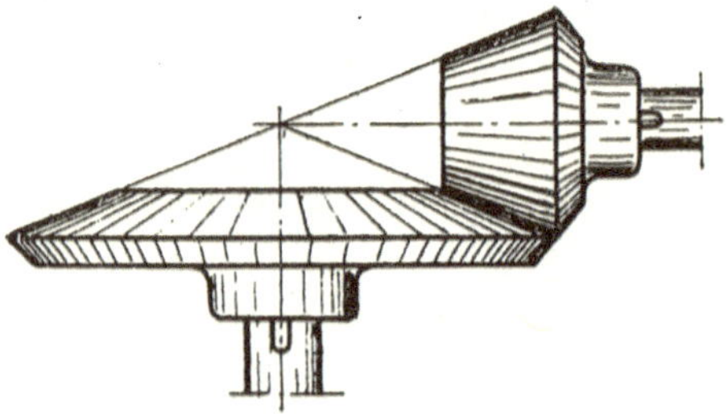

Fig. 151.

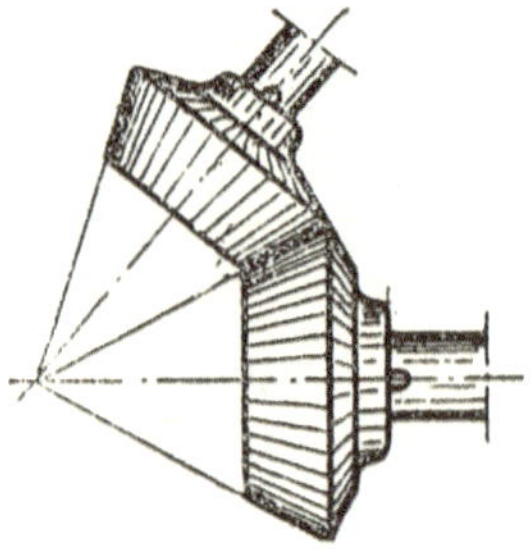

Fig. 152.

Théoriquement, pour que la transmission du mouvement soit régulière, la vitesse circonférentielle doit être la même sur les roues en contact ; il en résulte que les nombres de tours des roues seront inversement proportionnels aux rayons, soit :

$$N / N_1 = R_1 / R = R_1$$

Les vitesses circonférentielles admises varient entre 5 et 15 mètres. En réalité, au début du mouvement, il y a glissement et la roue motrice n'entraîne que progressivement la roue conduite, dont la vitesse croît peu à peu jusqu'à la vitesse de régime, ce qui est un gros avantage, surtout dans les transmissions à grande vitesse, puisque cela évite un démarrage brutal et permet un débrayage rapide.

D'autre part, au bout d'un certain temps d'usage, l'adhérence entre les surfaces diminue, par suite de l'usure et du polissage ; il se produit alors des glissements et le mouvement n'est plus transmis d'une manière régulière : il s'ensuit que les roues de friction ne peuvent être employées que si cette irrégularité ne présente pas d'inconvénient dans le fonctionnement des mécanismes où on les utilise. D'ailleurs, pour qu'il n'y ait pas glissement, il faut que le frottement entre les roues soit assez grand pour vaincre l'effort résistant.

La valeur de ce frottement est proportionnelle à la pression exercée entre les deux roues, et à un coefficient constant, dit de frottement, qui dépend des matières dont sont faites les roues. Ainsi pour le frottement fonte sur fonte, ce coefficient vaut $f = 0{,}1$ environ, tandis que pour fonte sur bois, on a $f = 0{,}2$ à 0,5. Ce qui montre que la pression à exercer entre les roues est toujours plus grande que l'effort tangentiel transmis ; elle peut même atteindre une valeur 10 fois plus grande dans le cas fonte sur fonte.

Comme cette pression se transmet aux tourillons des arbres qui supportent les roues, et augmente l'échauffement et l'usure des paliers, ce mode de transmission sera limité aux faibles efforts.

L'expérience montre qu'on obtient les meilleurs résultats en employant pour la roue menante une garniture en bois, en papier ou en cuir, la roue menée étant en fonte. On doit donner aux roues une largeur suffisante pour que la pression soit répartie sur une grande longueur, de manière à ne pas écraser la matière.

Roues à coins.

Dans le cas de roues cylindriques, on réalise une meilleure transmission en taillant les surfaces en forme de coin sur l'une et de creux en V correspondant sur l'autre (fig. 153). Avec cette disposition, en effet, la valeur de la pression à exercer tombe à environ trois fois l'effort tangentiel à transmettre, avec des roues en fonte, (au lieu de dix fois).

L'inconvénient de ce système est que le roulement n'a lieu sans glissement qu'en un point seulement de la génératrice de

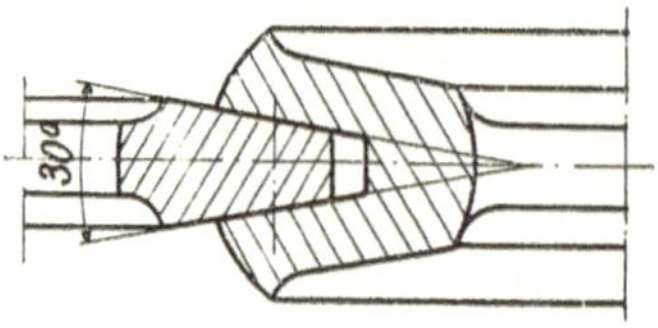

Fig. 153.

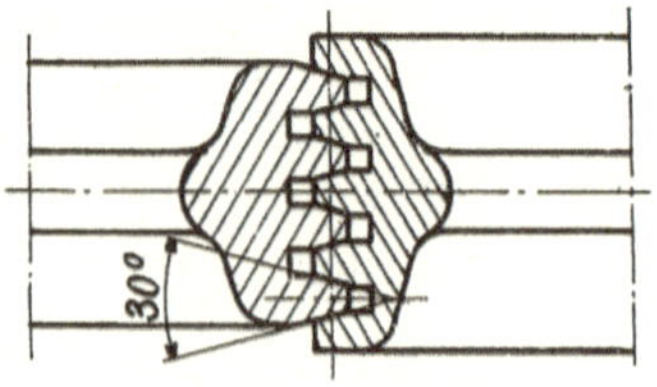

Fig. 154.

contact, celui pour lequel les vitesses circonférentielles sont égales ; pour les autres points, elles sont différentes et il y a glissement, d'où échauffement et usure. Aussi donne-t-on une faible hauteur aux gorges, de 6 à 12 mm seulement, avec un angle de 30°, et pour augmenter l'adhérence, on dispose, sur la même roue, plusieurs coins, suivant l'effort à transmettre, le nombre de coins ne pouvant guère dépasser cinq ou six, à cause de la difficulté d'usinage qui augmente avec ce nombre : pour que le contact soit parfait, il faut en effet, que l'ajustage des surfaces soit très soigné (fig. 154).

Construction des roues.

Roues en fonte.

Elles sont constituées par une couronne ou jante, cylindrique (fig. 155) ou conique (fig. 156 A), dont la surface extérieure parfaitement dressée (chariotage peu marqué) est reliée par des

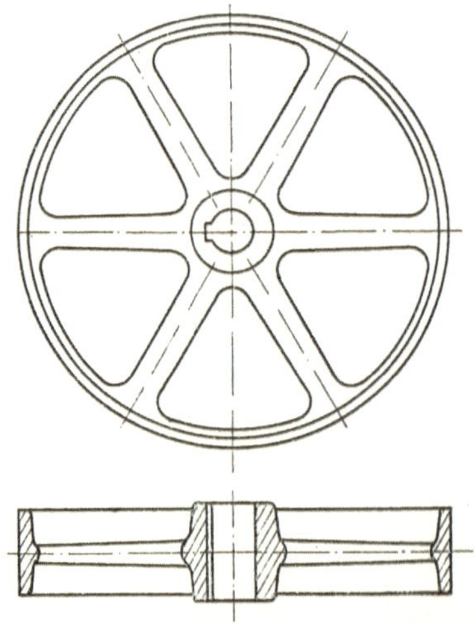

Fig. 155.

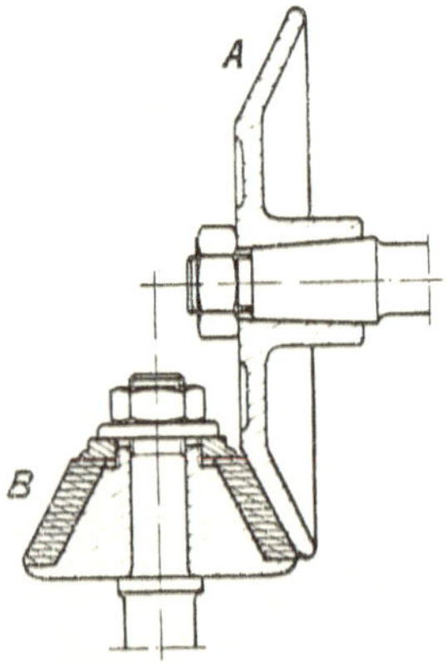

Fig. 156.

bras ou par une toile (petits diamètres) à un moyeu qui sert à fixer la roue sur son arbre. Le moyeu doit être assez long pour assurer un centrage parfait de la roue.

Roues en bois.

Elles sont constituées par des planches juxtaposées pour réaliser la largeur de jante désirée ; ces planches sont soigneusement assemblées, collées, ou réunies par clous ou boulons (fig. 157). La jante est formée de plusieurs segments, les fibres du bois devant être dirigées suivant la circonférence, pour les grands diamètres. Elle est solidement fixée sur une monture ou roue en fonte

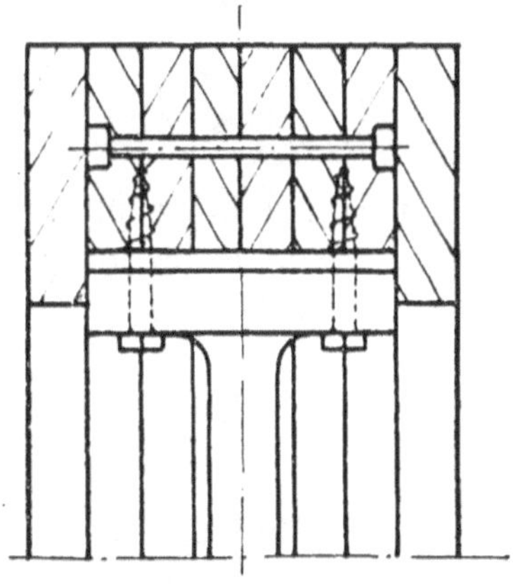

Fig. 157.

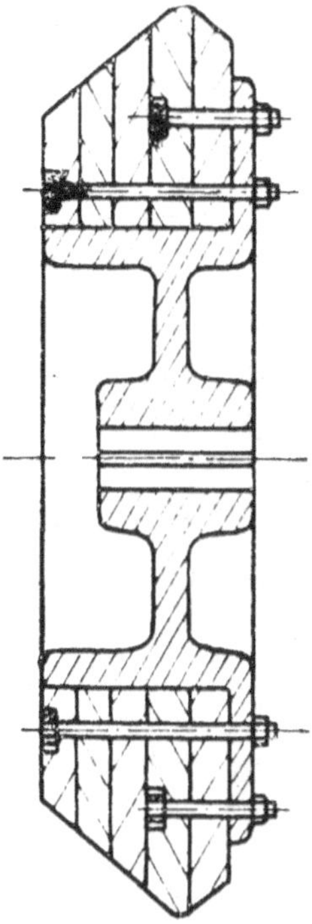

Fig. 158.

par des tire-fonds et des joues, puis clavetée sur son arbre, et tournée soigneusement sur sa surface extérieure.

Pour les petits diamètres, on constitue la jante par des rondelles empilées et serrées sur un centre en acier ou en fonte (fig. 158). L'essence qui donne le meilleur usage est l'érable, mais on emploie aussi le tilleul et le peuplier.

On remplace avantageusement le bois, dans les petites dimensions, par du cuir (fig. 159) ou du carton comprimé (fig. 160 et 156 B).

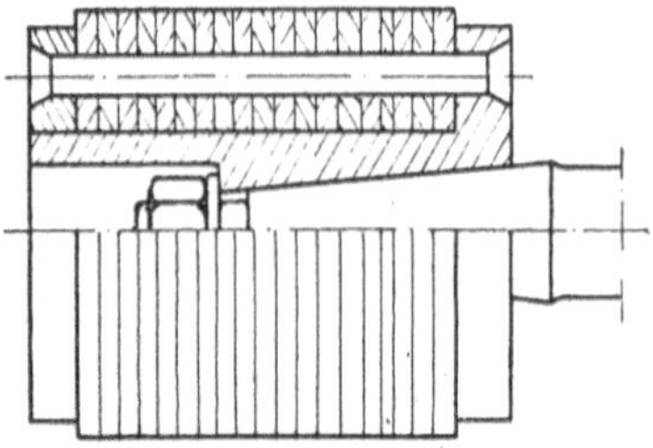

Fig. 159.

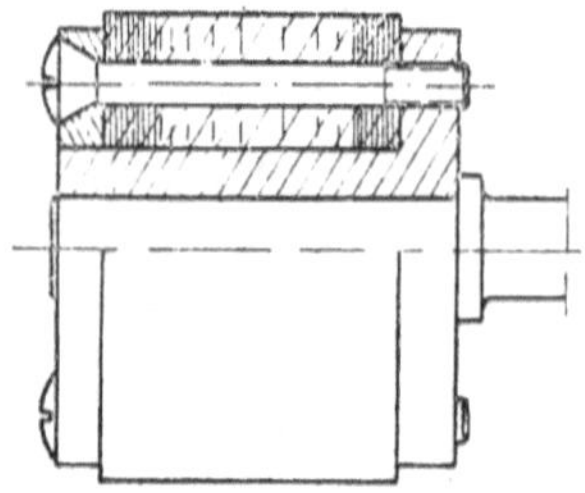

Fig. 160.

Roues coniques.

Les cônes de friction présentent les mêmes caractéristiques que les roues cylindriques ; il est essentiel, cependant, que les deux surfaces coniques en contact aient exactement même sommet. Les roues coniques sont employées pour transmettre le mouvement entre deux axes concourants, le plus souvent à angle droit.

Plateaux et galets de friction.

Pour des axes concourants, si l'angle au sommet du grand cône devient égal à 180°, il se réduit à un plateau (fig. 161) et le petit cône devient un cylindre qui prend alors le nom de galet.

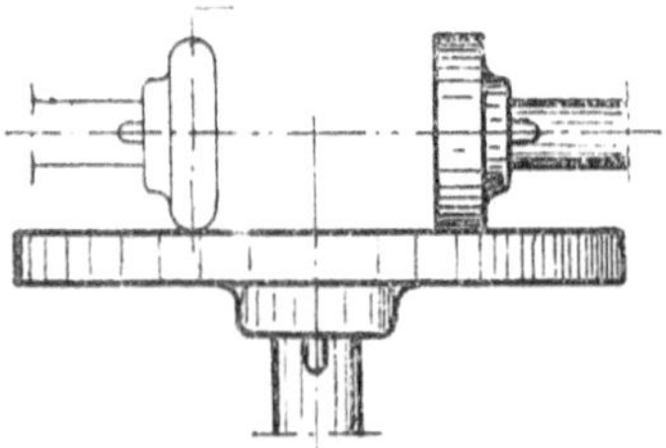

Fig. 161.

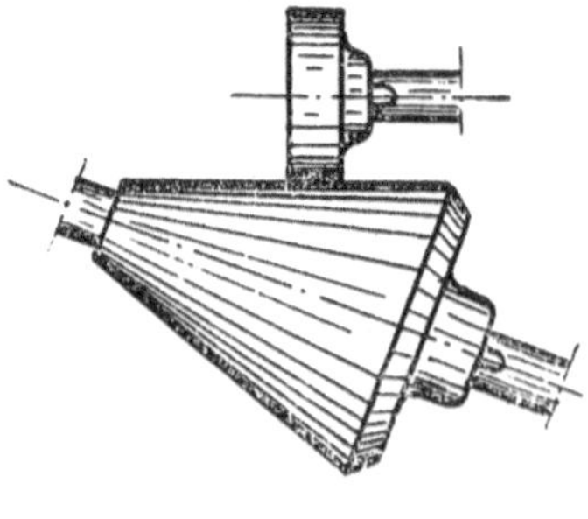

Fig. 162.

Cette disposition convient parfaitement, à condition toutefois que la hauteur du galet ne soit pas trop grande. En effet, les différents points de la génératrice de contact ont des vitesses qui varient avec leur distance au centre du plateau : il y aurait donc des glissements trop importants. En pratique, on donne souvent à la surface du galet la forme d'un boudin. Ce dispositif permet d'ailleurs de réaliser une transmission à vitesse variable, grâce à un réglage de la distance du galet au centre du plateau, puisque la vitesse circonférentielle sur celui-ci varie avec cette distance.

On obtient aussi deux sens de rotation sur le galet, en disposant sur le même arbre deux plateaux qui peuvent être amenés séparément en contact avec le galet, l'arbre des plateaux ayant un sens de rotation unique.

Enfin, on peut réaliser le même dispositif pour axes concourants sous un angle aigu, en remplaçant le plateau par un tambour conique dont une génératrice est parallèle à l'axe du galet (fig. 162).

Applications.

La transmission par roues de friction est utilisée dans un grand nombre de machines, à cause de sa simplicité et de sa commodité, chaque fois que l'effort à transmettre n'est pas très élevé et que les variations dans le rapport des vitesses résultant des glissements inévitables n'ont pas grande importance : *machines à polir, perceuses sensitives, essoreuses, monte-sacs, pilons à planche, chariots de scies, presses à boulons, etc...*

§ 2. – Poulies

Les roues de friction à action indirecte sont dénommées *poulies* ; elles servent à transmettre un mouvement de rotation par l'intermédiaire d'un lien flexible : *courroie* ou *câble*.

La transmission par courroie est utilisée lorsque la distance des arbres à relier ne dépasse pas 8 à 10 mètres ; pour des distances supérieures, on emploie la transmission par câble et des *poulies à gorges*, étudiées plus loin. Les poulies à courroies sont construites en fonte, en fer ou en bois.

A. — Poulies à courroies.

1°. Poulies en fonte.

Une poulie comprend : la *jante*, couronne mince et large sur la surface de laquelle s'enroule la courroie ; le moyeu, au centre, servant à fixer la poulie sur l'arbre ; les bras qui relient le moyeu à la jante.

a) Jante. — On donne à la jante une épaisseur très faible, suffisante pour éviter toute déformation au moment de la coulée. À l'intérieur (fig. 163) sa surface est tronconique (on dit *en dépouille*) de part et d'autre du plan moyen, pour faciliter le moulage. Sa surface extérieure est tournée suivant un profil légèrement bombé, ce qui évite la chute de la courroie, celle-ci ayant tendance à monter vers de plus grands diamètres, pendant son mouvement. La jante, plus épaisse ainsi au milieu, est renforcée généralement par une nervure médiane dont la présence facilite le raccordement avec les bras.

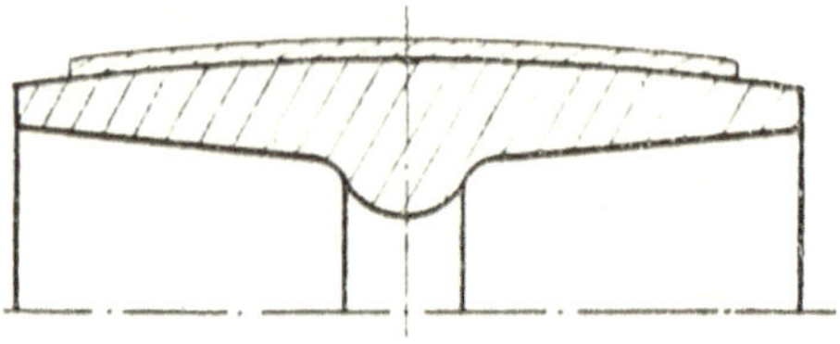

Fig. 163.

On donne à la jante une largeur supérieure à celle de la courroie de 1/10e à 1 /8e ; et le bombement est en moyenne égal à 1/100e de la largeur.

La valeur des largeurs et bombements est fixée par la norme CNM 115 (Tableau XIII) (fig. 164).

TABLEAU XIII. - LARGEURS ET BOMBEMENT EN mm

LARGEUR L	TOLÉRANCES sur L	FLÈCHE h	LARGEUR L	TOLÉRANCES sur L	FLÈCHE h
20	— 1,5	1	(160)	— 4	1,5
25	— 1,5	1	180	— 4	2
32	— 1,5	1	(200)	— 4	2
40	— 1,5	1	225	— 6	2,5
50	— 2	1	(250)	— 6	2,5
64	— 2	1	280	— 6	3
72	— 2	1	(320)	— 8	3
(80)	— 2	1	360	— 8	3,5
90	— 3	1	(400)	— 8	4
(100)	— 3	1	450	— 10	4
112	— 3	1	(500)	— 10	4
(125)	— 3	1	560	— 12	4
140	— 3	1,5	(640)	— 12	4

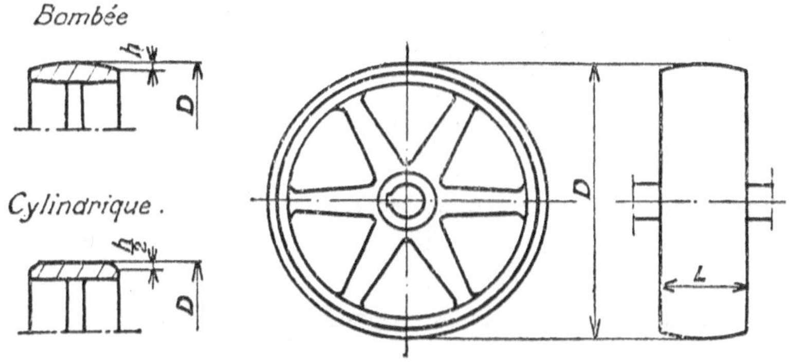

Fig. 164.

Lorsque la jante est très large, dans certaines poulies motrices, ou lorsque la courroie doit occuper deux positions sur la jante, on supprime le bombé et la poulie prend le nom de tambour.

On munit parfois les bords de la jante de joues latérales minces (fig. 165), lorsque les joues chutes de la courroie sont à craindre, par suite des vibrations dues à une grande vitesse et à une tension élevée.

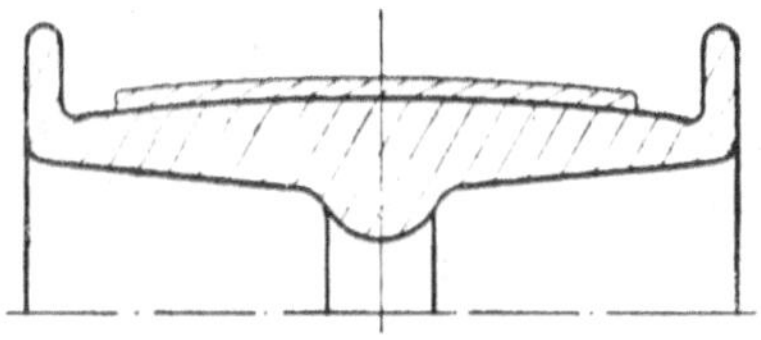

Fig. 165.

b) Moyeu (fig. 166). – C'est un bloc massif, placé au centre de la poulie, et alésé au diamètre de l'arbre sur lequel il sert à la fixer.

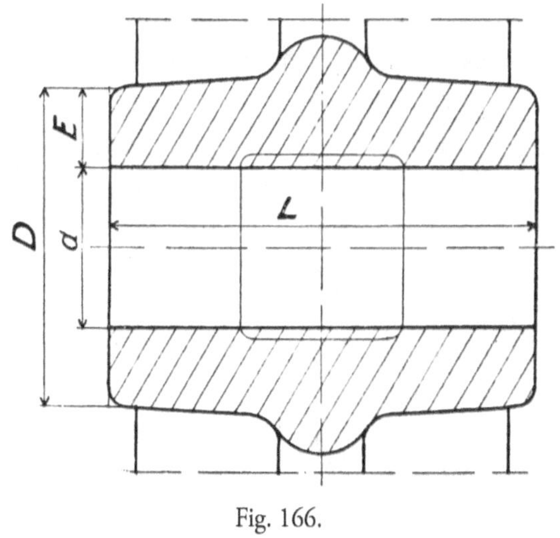

Fig. 166.

On donne de la dépouille à sa surface extérieure pour faciliter le moulage, et on la renforce par une nervure sur laquelle viennent se raccorder les bras. Il peut être déporté par rapport à la jante (fig. 169 a). Les dimensions du moyeu varient avec l'effort transmis par la poulie ; son épaisseur doit être suffisante pour résister à cet effort et au serrage de la clavette, lorsqu'il est fixé par un clavetage forcé. Dans ce cas, pour plus de sécurité, on place la clavette dans l'axe d'un bras.

Le diamètre D du moyeu est généralement fonction de celui de l'arbre *d* ; il varie de 1,3 à 1,6 *d*.

Pour les très grandes poulies, on doit en même temps tenir compte du rayon R de la jante, et on peut prendre alors l'épaisseur du moyeu égale à $E = d/6 + R/50 + 10$ mm.

La longueur L du moyeu doit être assez grande pour répondre aux dimensions du clavetage, et aussi pour assurer un bon centrage de la jante ; on prend, en général, L = 1,5 à 2 *d*. Mais, pour des nécessités de montage, cette longueur peut être supérieure ; il y a alors intérêt à prévoir un chambrage de l'alésage, suivant un tracé tel que le trait fin de la fig. 166, pour diminuer l'usinage.

*c) **Bras.*** — Ils sont à section elliptique (fig. 167) ou à nervures en croix (fig. 168) ; la 1re forme offre moins de résistance à l'air pour les grandes vitesses, la 2e est d'exécution plus facile pour les grands diamètres.

Pour les poulies de faible diamètre, on remplace les bras par une toile mince reliant la jante au moyeu. Cette toile peut

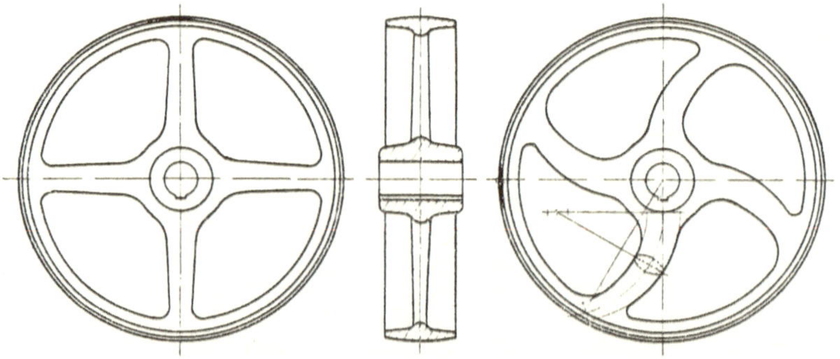

Fig. 167.

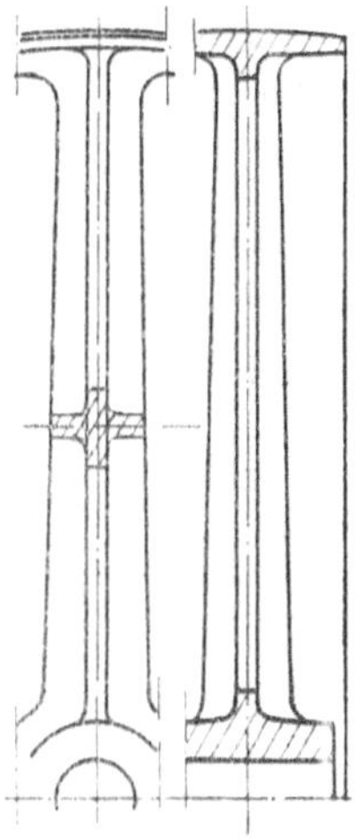

être pleine (fig. 169, partie supérieure) ou allégée par des trous (même fig., partie inférieure). Elle peut être située dans le plan moyen de la jante (même fig., à droite) ou *déportée* d'un côté (même fig., à gauche).

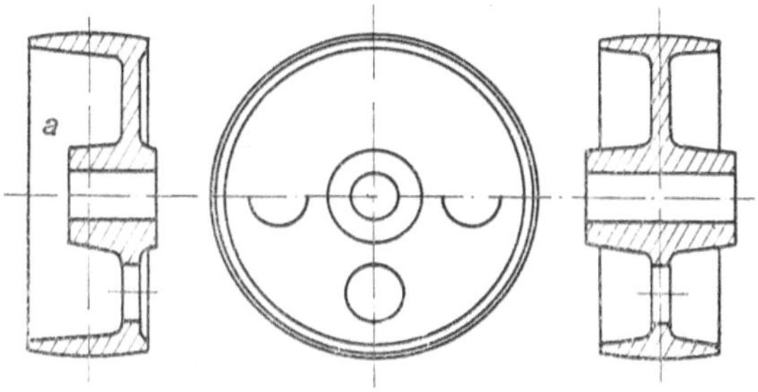

Fig. 168. Fig. 169.

Les bras se font droits ou courbes. Les bras à section nervurée sont toujours droits (fig. 168).

Pour les sections elliptiques, les bras droits (fig. 167, à gauche et fig. 170) sont plus courts, donc plus légers que les bras courbes (fig. 167, à droite et fig. 171) ; mais ils nécessitent certaines précautions à la coulée, le refroidissement plus rapide à la jante, mince, qu'au moyeu, massif, pouvant amener leur

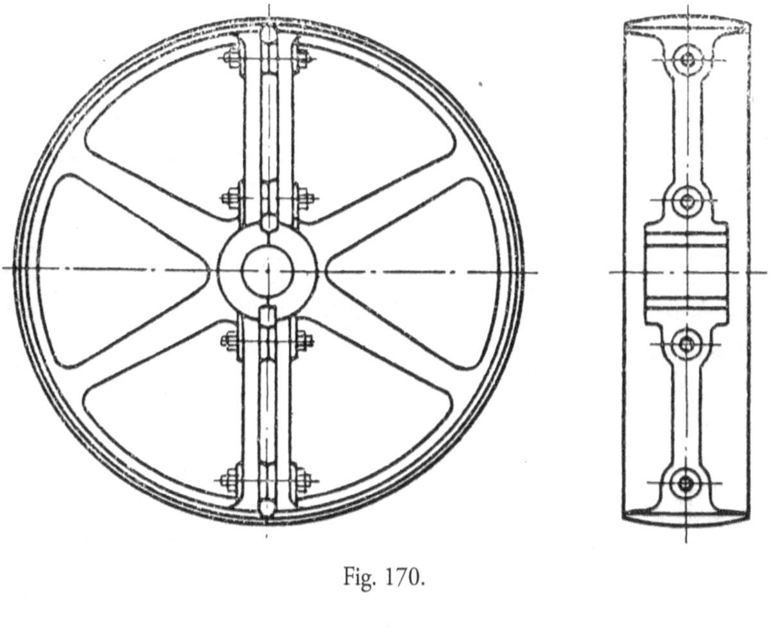

Fig. 170.

rupture, tandis que la courbure permet une certaine flexion. Cependant, l'exécution des bras courbes étant plus difficile, on leur préfère les bras droits, sous réserve de prévoir des épaisseurs très progressives du moyeu à la jante, pour éviter les ruptures à la coulée.

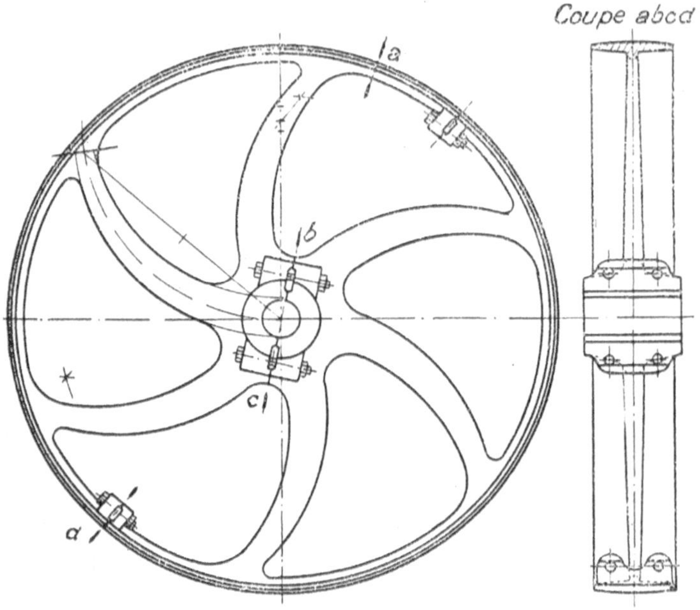

Fig. 171.

Ces sections vont en diminuant du moyeu à la jante, les dimensions à la jante étant les ⅔ environ de celles mesurées au raccordement avec le moyeu, et le grand axe des ellipses, situé invariablement dans le plan moyen de la poulie, étant toujours le double du petit axe.

Dans les cas ordinaires, les dimensions de la section des bras sont fixées empiriquement, en se basant sur les poulies existantes ; mais pour les poulies importantes, on doit calculer ces dimensions.

Le nombre de bras est fixé arbitrairement, suivant l'expérience ; en général, on donne 4 bras aux poulies de petit diamètre, 6 bras pour les diamètres moyens, et 8 pour les grands.

Pour des jantes très larges, on dispose quelquefois 2 rangées de bras.

Vitesses et diamètres des poulies.

La vitesse angulaire des poulies est la même que celle des arbres sur lesquels elles sont fixées. Ces vitesses, en nombre de tours par minute, sont fixées par la norme CNM 116 (Tableau VIII, chap. I), pour les arbres de transmission.

Tableau XIV. — Diamètres en mm

Diamètres D	50 (56) 64 (72) 80 (90) 100 (112)	125 (140) 160 (180) 200 (224) 250 (280)	320 (360) 400 (450) 500 (560) 640 (720)	800 (900) 1.000 (1.120) 1.250 (1.400) 1.600
Tolérances sur D	± 1	± 2	± 3	± 5

Poulies motrices : tolérances en plus ; poulies réceptrices : en moins.
Éviter les dimensions entre parenthèses.

Tableau X V. Diamètres et vitesses des poulies (CINNI 114)

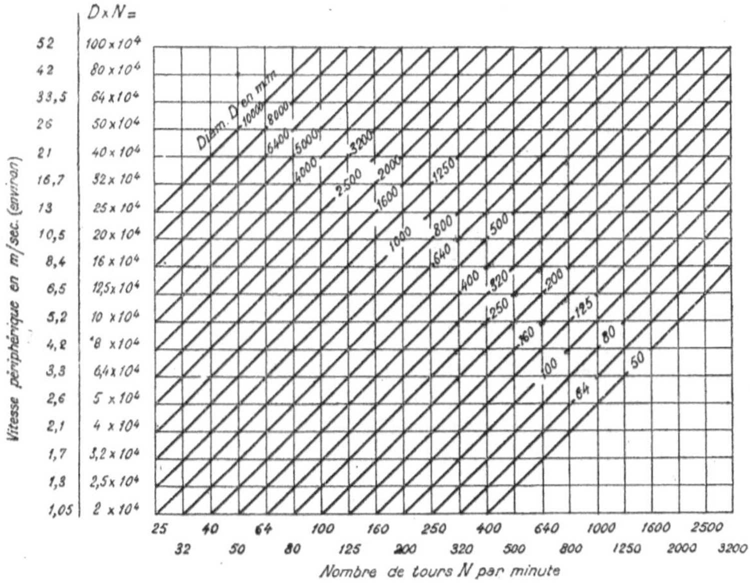

Les diamètres de 2 poulies reliées par une courroie sont déterminés, d'une part en tenant compte de la résistance à la force centrifuge que peut supporter la matière ; dans des conditions normales, on donne aux poulies en fonte une vitesse circonférentielle de 15 à 18 mètres par seconde, mais on peut atteindre 22 et 25 mètres dans des constructions particulièrement soignées (voir Abaque Tableau XV, CNM 114)

Exemple : Soit une poulie motrice de 125 mm de diam. à 1 600 t/m. Quel est le diamètre de la poulie réceptrice, si l'on veut faire tourner celle-ci à 500 t/m ?

La verticale 1600 et la droite inclinée 125 se coupent sur l'horizontale 20 x 10^4 (vitesse périphérique : 10,5 m/sec.). Cette horizontale est recoupée par la verticale 500 à son intersection avec la droite inclinée 400, qui donne le diamètre cherché de 400 mm.

D'autre part, en respectant la relation imposée entre les vitesses angulaires des arbres reliés, relation qui donne :

$$n / n' = R' / R \text{ ou } D' / D$$

Enfin, on doit choisir des diamètres figurant dans la série fixée par la norme CNM 115 (Tableau XIV).

Quant aux sens de rotation des arbres, il est facile de voir que, *pour des arbres parallèles*, on obtient des rotations de même sens en enroulant la courroie sur les poulies *sans croiser* les brins (fig. 172), et des rotations de sens contraires, *en croisant* les brins de la courroie (fig. 173).

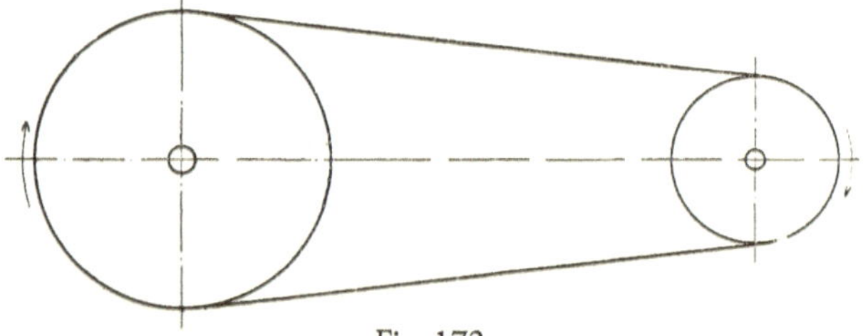

Fig. 172.

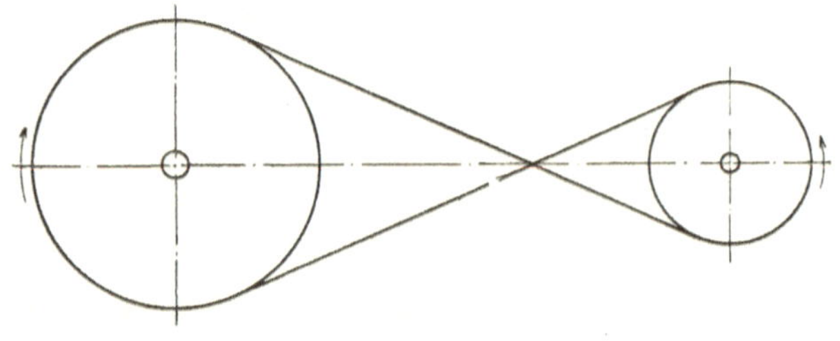

Fig. 173.

Poulies en deux pièces.

Le montage des poulies en une seule pièce sur leur arbre présente parfois de grandes difficultés, par suite de la présence de sections différentes, ou d'organes emmanchés à force. Les poulies en deux pièces, au contraire, peuvent être montées directement à leur place, ou déplacées, ou démontées sans aucune gêne.

De plus, pour les grands diamètres, on est conduit à construire les poulies en deux pièces pour faciliter le transport, le montage ou le démontage, et parfois le moulage.

La construction de ces poulies peut se faire soit en coulant les deux moitiés d'une seule pièce après avoir prévu des parties faibles dans le plan de jonction pour permettre la séparation par cassure, *après usinage* ; soit en coulant les deux parties séparément et en les assemblant par ajustage *avant l'usinage.*

La jonction des deux pièces peut être faite :

- pour les petites dimensions, dans le plan moyen de deux bras en prolongement, ces bras ayant une forme convenable (fig. 170) ;
- pour les grandes dimensions, par des oreilles venues de fonte sur le moyeu et sur la jante, dans l'intervalle de deux bras (fig. 171).

Les poulies en deux pièces sont souvent fixées sur l'arbre par serrage des boulons du moyeu, sans qu'il soit nécessaire de placer une clavette.

Équilibrage.

Les poulies en fonte sont obtenues par moulage sur modèle, le plus souvent par moulage mécanique, et aussi à partir d'un certain diamètre, *au trousseau.*

La plupart du temps, elles ne sont usinées que sur la jante et dans l'alésage, le reste de la poulie étant brut. On doit donc prendre toutes précautions au moulage pour que la poulie soit sensiblement équilibrée. Pour les vitesses ordinaires, jusqu'à 15 m, elles sont en général assez bien venues de fonderie, mais au-delà de 15 à 18 m de vitesse circonférentielle, ou si le nombre de tours par minute dépasse 200, il est nécessaire d'équilibrer parfaitement leur masse, soit par suppression du *balourd* à l'usinage, si possible, soit par addition de contrepoids, rapportés sur la jante. Parfois même, on prévoit une toile au lieu de bras, et la poulie est entièrement tournée.

Fixation des poulies.

On dit qu'une poulie est fixe quand elle est invariablement liée à son arbre. Suivant l'importance de l'effort transmis, la fixation a lieu par clavetage forcé (clavette à talon ou prisonnier, fig. 174 et 175), la rainure de clavetage étant située au droit d'un bras ; ou par vis traversant l'épaisseur du moyeu et s'appuyant sur l'arbre (fig. 176), lorsque l'effort n'est pas très élevé.

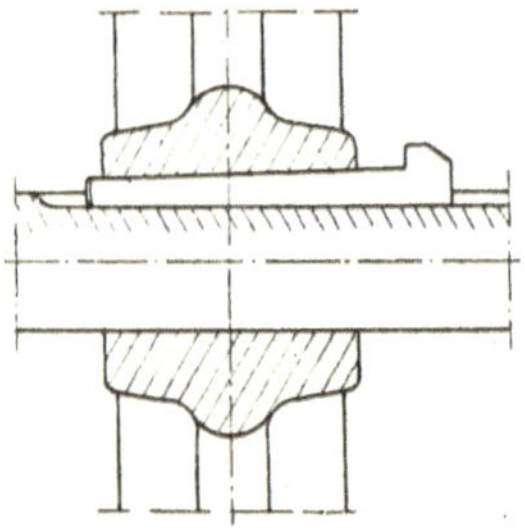

Fig. 174.

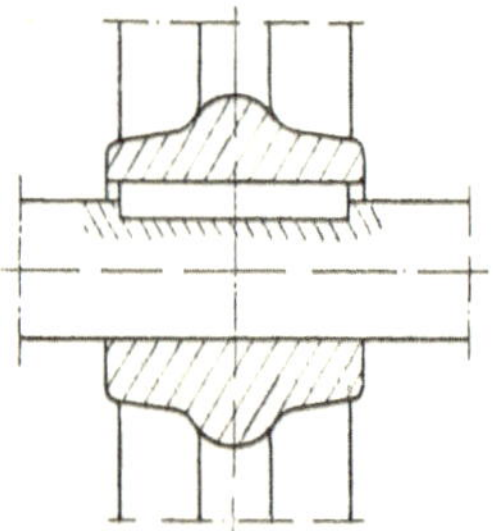

Fig. 175.

On peut aussi obtenir le calage des poulies par interposition d'une douille en deux pièces, de faible conicité extérieure et alésée au diamètre de l'arbre (fig. 177), et qu'on emmanche à force dans le moyeu ; cette disposition évite le clavetage, d'où plus de facilité de montage en un point quelconque de l'arbre, ou encore sur des arbres de diamètres différents, à l'aide de douilles convenables, mais l'alésage du moyeu conique doit être exécuté avec soin.

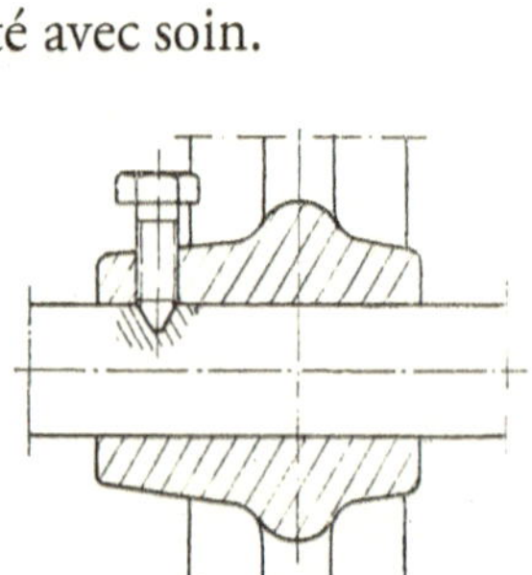

Fig. 176.

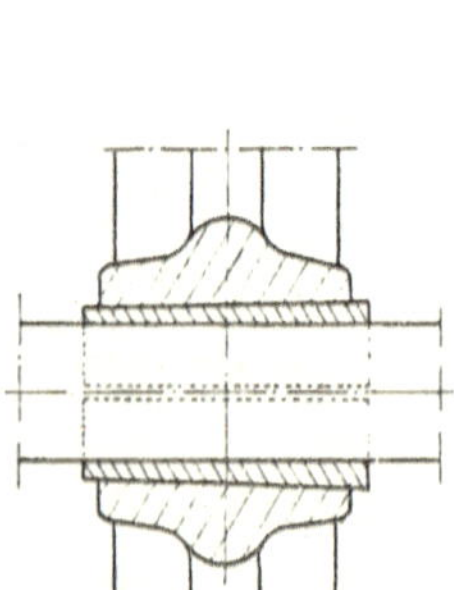

Fig. 177.

Enfin, comme il a été dit précédemment, dans les poulies en deux pièces, le calage a lieu par serrage des boulons réunissant les deux pièces du moyeu, alésé en interposant de faibles cales entre les faces de joint ; la suppression de ces cales au montage sur l'arbre crée un jeu qui permet un serrage donnant une adhérence suffisante, en général.

Poulies folles.

Une poulie est folle sur son arbre lorsqu'elle tourne sur lui sans l'entraîner, par l'absence de toute fixation. On l'emploie toujours à côté d'une poulie fixe, pour servir au débrayage du mouvement, en faisant passer la courroie de l'une à l'autre.

On doit prévoir un graissage dans l'alésage de la poulie folle, celle-ci devant tourner sur l'arbre avec le minimum de frottement. Pour les cas ordinaires, on munit le moyeu d'une douille en bronze (fig. 178) ; dans les constructions plus importantes, la poulie est montée sur des roulements à billes, le moyeu creux formant réservoir d'huile (fig. 179).

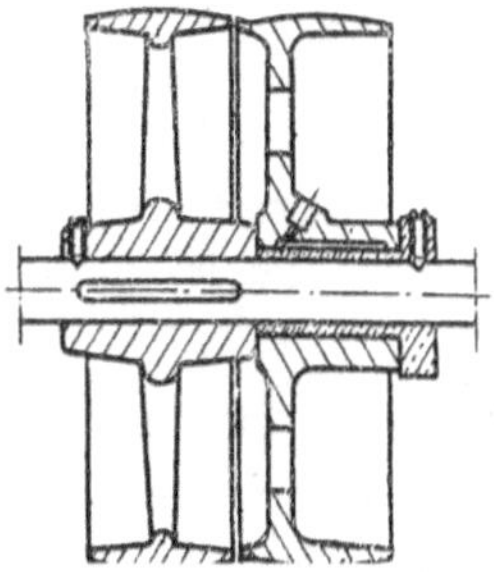

Fig. 178.

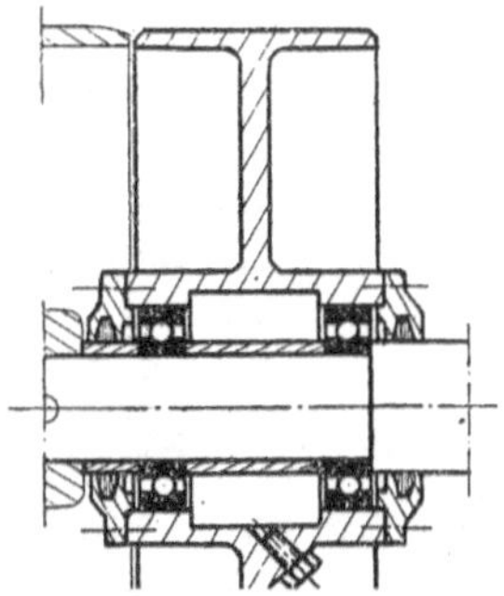

Fig. 178.

On donne souvent à la poulie folle un diamètre légèrement inférieur à celui de la poulie fixe, de manière que la courroie soit détendue pendant les périodes de repos.

Tambours coniques et poulies à gradins.

Dans la transmission par courroie, on obtient théoriquement un rapport de vitesses n / n' en donnant aux poulies des diamètres tels que l'on ait : $D' / D = n / n'$. En pratique, par suite de variations dans la tension de la courroie, et aussi de

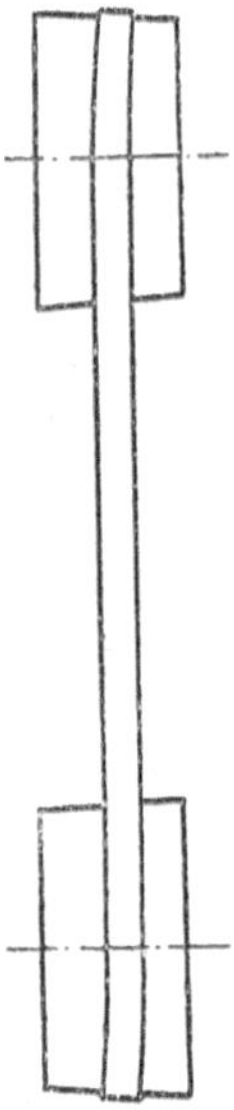

Fig. 180.

son allongement à l'usage, il se produit un certain glissement et le rapport des vitesses n'est pas rigoureusement constant. Ordinairement, si la variation n'a pas grande importance, on pare au glissement en donnant à l'une des poulies un diamètre un peu plus faible que le diamètre théorique.

Mais si le rapport de vitesses doit être rigoureusement observé, on remplace les poulies cylindriques par des tambours coniques montés en opposition sur les arbres (fig. 180). De la sorte, on règle exactement la vitesse en faisant glisser la courroie sur les jantes, à l'aide d'une fourche qui la guide, manœuvrée par vis et écrou.

Remarque. - Dans la disposition précédente, on observe que, par suite de la différence de tension entre les deux bords de la courroie qui s'enroulent sur des diamètres différents, celle-ci se place obliquement sur le tambour, l'enroulement ayant lieu en forme de faux, ce qui a pour effet de tendre à faire monter la courroie vers le plus grand diamètre. C'est ce qui explique la forme bombée donnée aux poulies ordinaires (le bombement curviligne ayant remplacé la forme biconique), pour éviter les déplacements latéraux de la courroie. Pour la même raison, dans l'emploi des tambours coniques, on a soin au montage de décaler les tambours l'un par rapport à l'autre, en rapprochant les grandes bases, pour pouvoir utiliser toute la largeur des jantes.

Du réglage de la vitesse par tambours coniques, on est conduit à leur emploi pour obtenir des changements de vitesses par courroie, lorsque l'arbre moteur tourne à une vitesse constante et que l'arbre conduit doit tourner à des vitesses différentes.

En utilisant des cônes de longueur suffisante (fig. 181), on obtiendra une gamme de vitesses étendue et le changement de vitesse sera progressif, en faisant glisser la courroie comme précédemment. Ces cônes sont en fonte et munis de deux moyeux pour leur calage sur l'arbre.

On obtient un résultat analogue par l'emploi des poulies à gradins ou poulies étagées, qui sont constituées par des jantes de diamètres différents coulées d'un seul bloc sur un moyeu unique auquel elles sont réunies par toile et nervures. Ces poulies sont moins encombrantes que les cônes et moins lourdes, mais elles ne donnent qu'un certain nombre de vitesses déterminées, et il faut déplacer la courroie d'un gradin à un autre pour changer de vitesse. Lorsqu'elles ne comportent qu'un petit nombre d'étages, un moyeu suffit à leur calage (fig. 182), sinon on fait venir deux moyeux dont l'un est souvent rapporté par un plateau fixé par vis à têtes noyées sur le champ de la plus grande jante (fig. 183).

On prévoit parfois des joues au bord des jantes extrêmes (fig. 182).

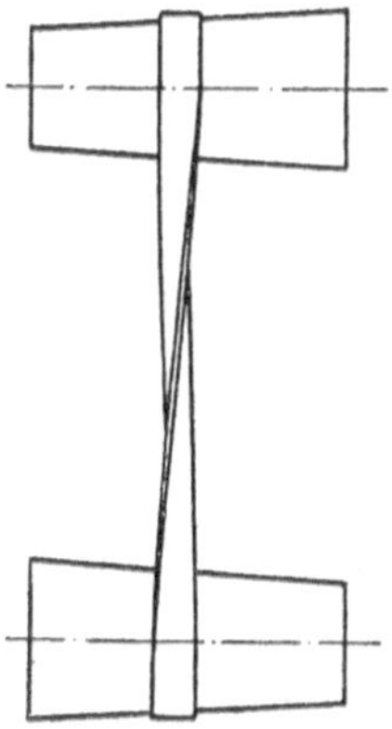

Fig. 181.

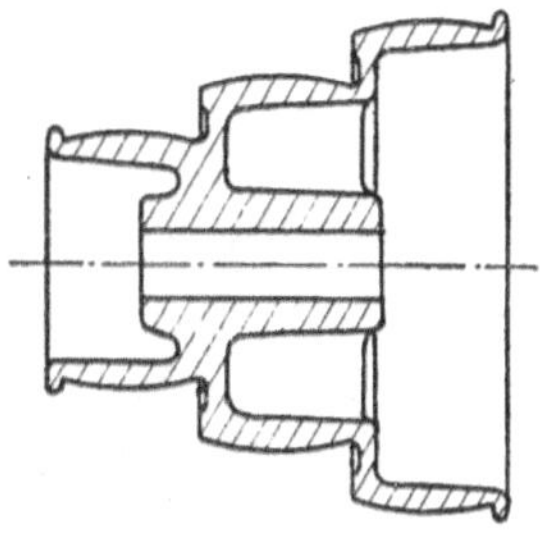

Fig. 182.

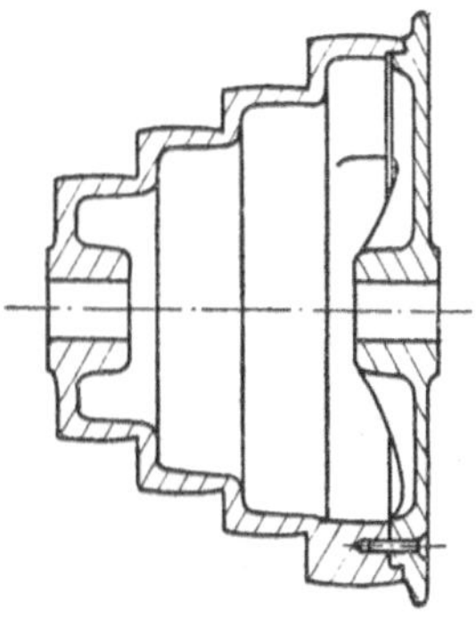

Fig. 183.

2° Poulies en fer.

Les poulies en fonte sont toujours d'un poids assez élevé, surtout dans les grands diamètres ; elles chargent les transmissions et sont susceptibles de rupture accidentelle.

Les poulies en fer sont sensiblement plus légères, surtout au-dessus de 400 à 500 mm de diamètre et elles présentent plus de sécurité, notamment sur les transmissions tournant à grande vitesse. Leur construction peut être mixte ou non. La jante est toujours en tôle d'acier doux laminé, cintré ou embouti, les extrémités pour poulies en une seule pièce étant réunies par un couvre-joint rivé (fig. 184). La jante peut être bombée ou non.

Dans certains cas, le moyeu et la brassure sont en fonte, la jante rivée sur des pattes venues aux extrémités des bras. Ou bien le moyeu seul est en fonte, les bras en acier doux laminé, à

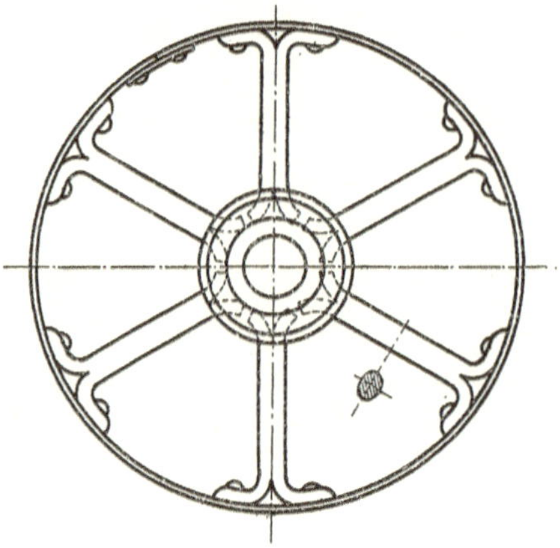

Fig. 184.

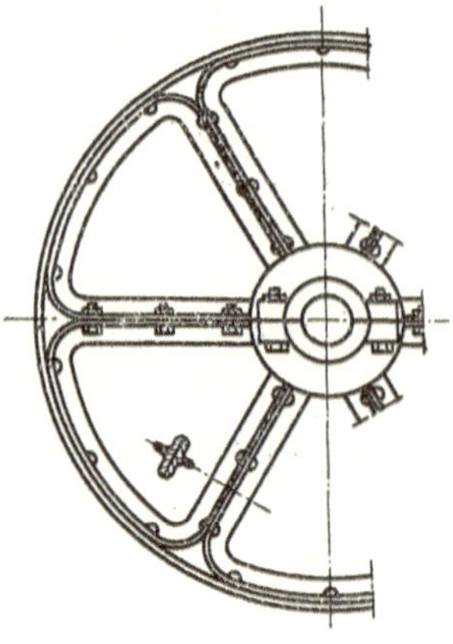

Fig. 185.

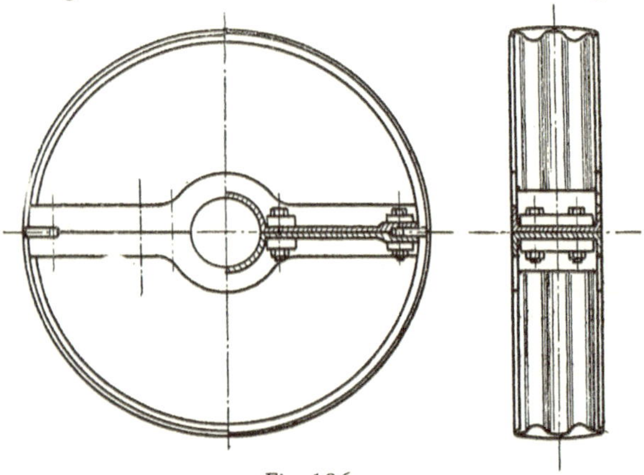

Fig. 186.

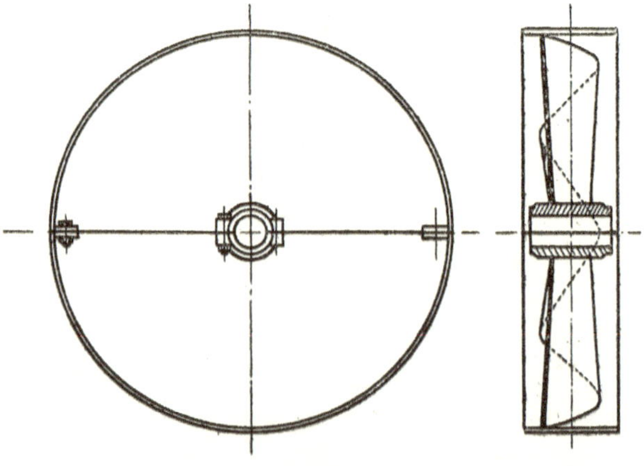

Fig. 187.

section elliptique (fig. 184) ou en profilés **⊥** ou **U** (fig. 185) ayant leurs extrémités noyées dans le moyeu à la coulée après fente en queue de carpe et étamage.

Dans la figure 185 les bras sont formés de deux fers à **⊥** accolés et cintrés à la courbure de la jante où ils sont rivés. Sur deux de ces bras, dans le plan de joint du moyeu, on a réuni les **⊥** par boulons (au lieu de rivets) ce qui donne une poulie en deux pièces.

Dans la figure 186 la poulie est toute en acier, la jante étant constituée par deux tôles, l'une extérieure bombée, l'autre intérieure à double ondulation donnant une grande rigidité, les bords des tôles étant agrafés ensemble. Deux autres tôles embouties en **U** forment les bras et le moyeu.

Dans la figure 187 les bras sont remplacés par une toile en tôle à ondulations, soudée à la jante et au moyeu, la poulie est en deux pièces.

3° Poulies en bois.

On construit des poulies en bois qui ont l'avantage d'être très légères et d'un prix peu élevé. Elles donnent une meilleure

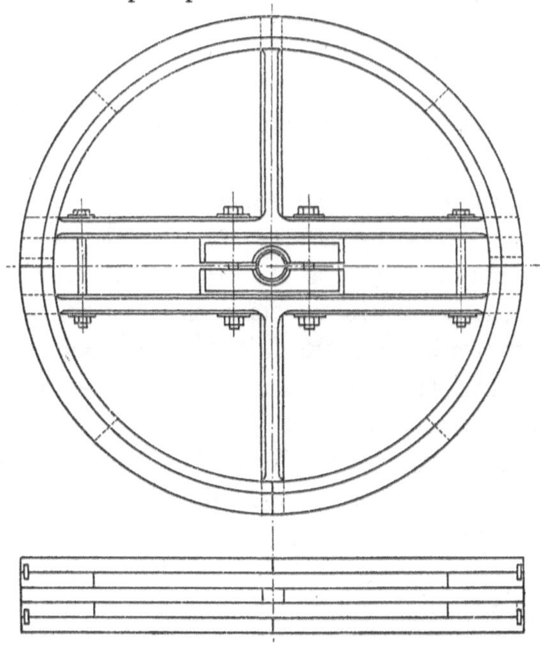

Fig. 188.

adhérence à la courroie sous réserve d'emploi à la transmission d'assez faibles puissances. Elles procurent une économie de force et d'entretien, la transmission se trouvant considérablement allégée ; enfin elles sont toujours en deux pièces, donc de montage facile, évitant tout clavetage.

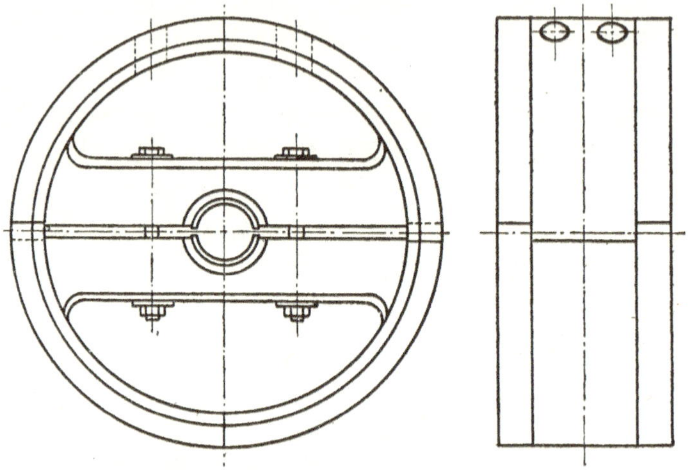

Fig. 189.

Elles ont l'inconvénient de nécessiter une construction particulière pour parer à la déformation du bois due aux variations de température et à l'humidité. De plus, elles peuvent s'échauffer et brûler si la courroie vient à glisser accidentellement (tension insuffisante, effort anormal).

Les figures 188 et 189 montrent deux modes de construction de poulies en bois. En général, la jante est constituée de plusieurs épaisseurs, chaque couronne étant en plusieurs segments de manière à contrarier les joints et les fibres du bois, le tout étant fortement collé à la presse. Les bras sont disposés de manière à entretoiser la jante solidement.

Enfin on interpose entre le moyeu et l'arbre des demi-coquilles en acier, alésées avec jeu dans le plan de joint pour assurer un bon serrage sur l'arbre.

On construit aussi des poulies dont la jante est en bois courbé, avec bras en acier semi-elliptique cintré et moyeu en fonte.

B. — Courroies de transmission.

On appelle courroie un lien flexible large et mince, sans fin, qui sert à transmettre le mouvement d'une poulie à une autre en s'enroulant sur leurs jantes. La transmission a lieu par suite du frottement des surfaces en contact, résultant de la tension donnée à la courroie au montage. On calcule cette tension de manière que la pression du lien sur les jantes soit suffisante pour créer un frottement assez élevé pour assurer l'entraînement sans qu'il y ait glissement sensible des surfaces en présence.

La section de la courroie est établie pour résister en toute sécurité à cette tension ; son épaisseur étant très faible, de 5 à 10 mm, afin de faciliter l'enroulement sur les poulies, on lui donne une largeur suffisante suivant l'effort à transmettre, mais la largeur possible dépend de la matière dont est faite la courroie. Les matières couramment employées sont : le cuir, le coton, le balata, le poil de chameau, le caoutchouc.

Courroies en cuir.

Les meilleures sont en cuir de boeuf tanné à l'écorce de chêne, ou parfois au chrome ; on utilise de préférence le milieu du dos, sur une largeur de 500 mm environ, où la matière est la plus régulière. L'épaisseur du cuir varie de 4 à 8 mm, et on place le côté chair à l'intérieur, contre la poulie. Pour obtenir des épaisseurs plus fortes, on colle une bande sur les bords de la courroie qui est dite alors *à talons*, ou bien, pour de grands efforts, on double l'épaisseur sur toute la largeur, cette dernière peut alors atteindre jusqu'à 800 mm, mais la souplesse est moins grande. Enfin, pour les très grandes puissances, on emploie des courroies en *cuir sur champ*, constituées de bandes de faible largeur cousues ensemble, sur champ, de manière à obtenir par la juxtaposition des épaisseurs, la largeur de courroie désirée. On atteint ainsi des épaisseurs (largeur des bandes) de 25 mm, et la largeur de courroie peut être très grande, étant donnée l'homogénéité réalisée.

La courroie Titan est fabriquée sur ce principe, mais constituée par des éléments de faible largeur, réunis par rivets, en laissant des vides entre éléments voisins ; cette disposition procure une très grande souplesse et une meilleure adhérence, en évitant le matelas d'air emprisonné entre la poulie et la courroie, lorsque celle-ci est pleine. Ces courroies demandent à être peu tendues.

Courroies en textiles.

Les courroies en coton s'emploient pour les grandes transmissions ; on peut, en effet, leur donner de fortes largeurs (jusqu'à 3 m) et une longueur quelconque, même sans aucune jonction. Leur épaisseur est constituée par superposition de plusieurs couches du tissu replié (de 4 à 8 plis) ; on atteint ainsi jusqu'à 13 mm d'épaisseur, chaque pli ayant environ 1,5 mm ; les différents plis sont cousus solidement ensemble.

Les courroies en coton non préparé ne doivent pas être exposées aux intempéries, elles s'allongent beaucoup, aussi faut-il les tendre fortement et à plusieurs reprises ; elles s'usent assez vite par frottement, surtout par les débrayages qui effilochent les bords. On améliore, leur conservation et on les protège de l'humidité par immersion prolongée dans l'huile de lin ; elles deviennent alors presque inextensibles.

Les courroies *Balata* sont en tissu de coton imprégné d'une gomme dite *Balata*, analogue à la gutta. Elles sont plus résistantes, s'usent moins. Très souples, elles ne craignent pas l'humidité dont la gomme les protège, et conviennent bien pour les grandes vitesses. Cependant, elles craignent la chaleur et se décollent vers 40°.

Les courroies en *poil de chameau* sont très souples et résistent bien aux vapeurs chaudes, ou alcalines. Elles sont constituées par un tissage de coton et de poil de chameau ; on les utilise dans les installations en plein air, ou dans les atmosphères chargées de buées ou de vapeurs, et encore lorsque la transmission est sujette à de fréquents glissements (broyeurs, pompes, etc...).

Courroies en caoutchouc.

Elles sont faites de tissus imprégnés de caoutchouc. D'une bonne adhérence, elles ne craignent ni l'humidité, ni les acides mais ne résistent pas à l'huile, ni à la chaleur, dont on doit les protéger ; on ne doit pas les employer croisées, le frottement des brins au croisement les échauffant, en produisant une odeur désagréable. On utilise, particulièrement dans l'automobile, des courroies en caoutchouc entoilé, à section trapézoïdale, s'enroulant sur des poulies à gorges de profil convenable, donnant une adhérence élevée sans tension initiale.

Les normes du BNA 145 et 146 donnent les dimensions des sections de courroies et des profils des gorges de poulies correspondantes.

Courroies inextensibles à forte adhérence.

Le principal inconvénient des courroies étant l'allongement permanent, en cours d'usage, qui oblige à retendre la courroie, on a cherché à l'éviter ; ainsi la courroie « Lugdunum » (maison Chavand, Lyon) obtenue par un procédé spécial breveté qui consiste à soumettre la peau, pendant le tannage, à une tension progressive au moyen d'un cadre à mâchoire pivotantes. Le cuir ainsi obtenu est pratiquement inextensible, tout en restant suffisamment élastique ; par ailleurs sa résistance et son frottement sont beaucoup plus élevés. De sorte, qu'à l'usage, pour les courroies, on obtient des résultats nettement supérieurs, pouvant transmettre des puissances plus grandes avec des sections plus faibles, avec un meilleur rendement, et une sécurité plus grande. De plus, la courroie Lugdunum, tendue au montage, ne s'allonge pas en service et n'a pas à être retendue.

Remarque. - Il ne faut pas confondre le procédé ci-dessus avec celui qui consiste à tendre le cuir déjà tanné en le mouillant et en le séchant sous tension, tandis qu'ici la tension a lieu pendant le tannage, ce qui conserve son élasticité à la matière (Catalogue Lugdunum).

C. — Jonction des courroies.

Suivant la matière employée, notamment avec le cuir, on est obligé d'assembler des bandes de même largeur bout à bout pour réaliser la longueur de courroie convenable. En général, on amincit les bouts à réunir sur une assez grande longueur, de manière à conserver une épaisseur uniforme à la courroie ; les bouts sont réunis par collage à la presse à l'aide de colles spéciales (colle de poisson à l'alcool, colle forte à la térébenthine) et parfois l'assemblage est renforcé par couture ou par rivure dans le cas de courroies en cuir (fig. 190).

Fig. 190.

Le joint collé doit porter sur une surface égale à environ 20 fois la section de la courroie pour offrir une résistance suffisante.

Il faut ensuite réunir les deux extrémités de la courroie coupée à la longueur convenable, pour obtenir un lien sans fin propre à la transmission continue par enroulement sur les poulies à relier.

C'est là ce que l'on entend proprement par jonction des courroies, laquelle diffère suivant le but à atteindre.

1° Jonction permanente. — Si cette jonction n'a pas à être reprise par la suite, la transmission étant prévue pour parer à l'allongement de la courroie et la maintenir constamment à la tension nécessaire (par tendeurs, ou enrouleurs), le meilleur procédé consiste à réunir les deux extrémités par collage, avec couture ou rivure, s'il y a lieu, après amincissement en biseau, comme il a été dit pour les assemblages de longueur.

La figure 190 montre une jonction par rivets : la longueur du recouvrement est de 15 à 20 cm, et l'écartement des rivets de 35 à 40 mm.

Ce mode de jonction est assez long et suppose qu'on dispose du temps nécessaire.

2° Jonctions démontables. — Dans les cas les plus fréquents, la jonction doit pouvoir être démontée pour raccourcir la courroie qui s'est allongée après un certain temps de marche et la retendre. Les procédés employés, très nombreux, visent à obtenir, outre la résistance indispensable, une grande rapidité d'exécution.

a) Jonction par lanières : si on a le temps, on amincit les bouts en biseau, on pratique une série de trous à l'emporte-pièce et on passe la lanière dans les trous comme pour une couture.

On opère plus rapidement en relevant les bouts extérieurement, sans les amincir et en pratiquant la couture comme ci-dessus.

b) *Jonction par boutons et vis* (fig. 191) : les extrémités sont simplement juxtaposées et réunies comme l'indique la figure. Le procédé est sûr, assez rapide, mais la jonction offre une surépaisseur qui occasionne un claquement désagréable au passage sur les poulies.

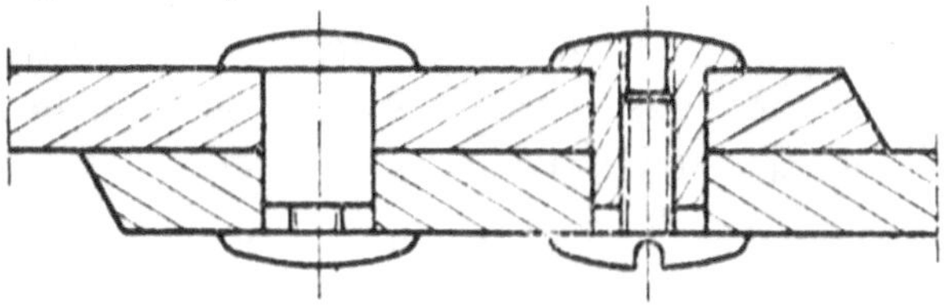

Fig. 191.

c) *Jonction Violette* (fig. 192) : les deux bouts sont maintenus en prolongement et réunis par deux plaques couvrant la largeur de la courroie.

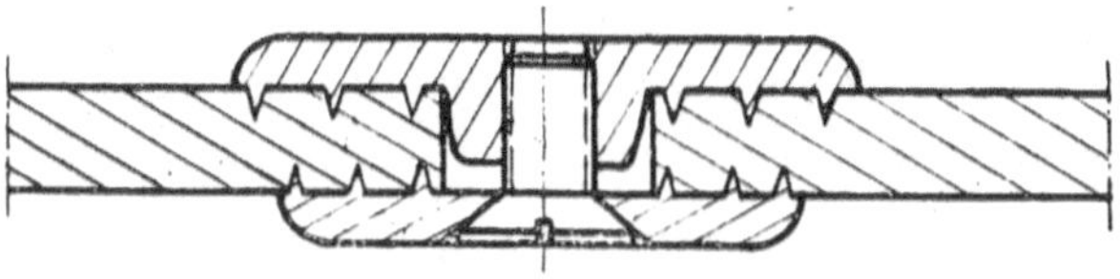

Fig. 192.

Ces plaques sont armées de pointes pénétrant dans le cuir et serrées par vis. Le procédé est très rapide et évite la perforation du cuir.

d) *Jonction par agrafes Scellos* (fig. 193) : Ce sont des pièces en laiton découpées en forme de double T; les bouts à réunir sont relevés vers l'extérieur et les agrafes passées dans des trous.

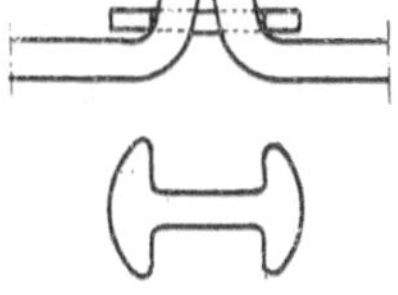

Fig. 193.

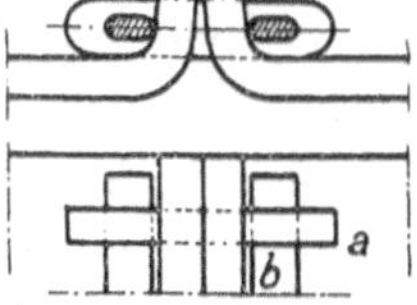

Fig. 194.

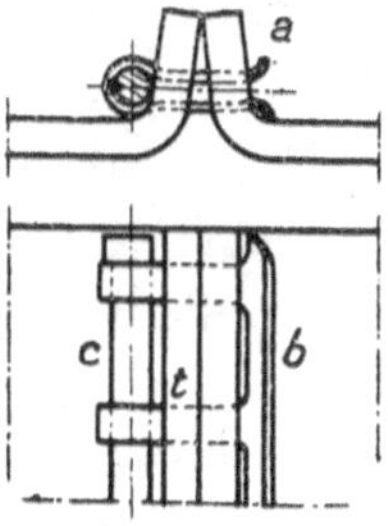

Fig. 195.

e) *Jonction par agrafes Lagrelle* (fig. 194) : Des plaquettes minces passent dans les trous pratiqués sur les extrémités de la courroie, relevées. Ces plaquettes *a* portent des trous ovales où sont engagées des barrettes *b*.

f) *Autre dispositif analogue* (fig. 195) : La pièce *a* est en laiton mince découpé et replié de manière à former barrette en *b* et des traverses *t* passées dans les trous ; une broche *c* fixe la pièce *a* en passant dans l'oeil des traverses.

Les jonctions par agrafes sont d'un montage très rapide.

D. — Conditions d'emploi des transmissions par courroie.

Les éléments d'une transmission sont données par *la puissance transmise, le rapport des vitesses des arbres reliés* (ou raison de la transmission), *les diamètres des poulies* et, pour des arbres parallèles, *la distance des axes.*

a) Au repos, les deux brins de la courroie ont même tension : lorsque la poulie motrice commence à tourner, la tension du brin conducteur augmente tandis que celle du brin conduit diminue jusqu'à ce que la différence des tensions soit égale à l'effort tangentiel à transmettre. Pour cela, il faut que l'adhérence de la courroie soit suffisante, sinon la courroie patinerait, et il n'y aurait pas entraînement. Cette adhérence est fonction de la valeur du frottement des surfaces en contact et de l'arc de poulie enveloppé par la courroie. Le frottement est déterminé par la nature de la courroie et de la poulie : on l'évalue, en mécanique appliquée, par un *coefficient de frottement f* qui intervient dans le choix des matières.

Les courroies neuves ont moins d'adhérence que celles ayant déjà servi ; on améliore leur adhérence en les enduisant de suif, qui gonfle le cuir et le tend. Malgré cela, à cause de la différence de tension dans les deux brins, occasionnant des allongements différents aux points d'entrée et de sortie de la courroie sur une même poulie, il se produit toujours un certain glissement qu'on évalue à 2 % environ du nombre de tours.

b) L'arc embrassé par une courroie sur une poulie dépend du rapport des diamètres des poulies reliées, de la distance de leurs axes et de la disposition de la transmission.

La courroie a tendance à s'opposer à son enroulement sur la poulie, sa souplesse n'étant pas parfaite, la déformation qu'elle subit augmente la fatigue due à la tension, et cette fatigue est d'autant plus grande que la poulie est plus petite et la courroie plus épaisse. En conséquence, on emploie de préférence des courroies minces et larges et on choisit un diamètre de poulie égale à environ 100 fois l'épaisseur de la courroie. On peut cependant, si la courroie est très mince et très souple, descendre jusqu'à des diamètres égaux à 30 fois l'épaisseur de la courroie, au minimum.

On a vu, à l'étude des poulies, les considérations qui déterminent le choix des diamètres : vitesse linéaire, rapport de vitesses angulaires.

L'arc embrassé sur la plus petite des poulies est d'autant plus faible que les diamètres sont très différents et la distance des axes plus courte.

Si cette distance est trop courte, la courroie manque de souplesse et glisse ; en pratique, on doit laisser entre les jantes des deux poulies une distance au moins égale au diamètre de la grande poulie.

Si la distance d'axes est trop grande, la courroie prend un mouvement de lacet très gênant. On dépasse rarement une distance d'axes de 15 mètres, au-delà de laquelle des galets de guidage sont nécessaires.

Des considérations précédentes, il résulte que, dans les conditions normales, la raison de la transmission peut, au maximum, atteindre 5.

Pour des valeurs plus grandes, et avec une distance d'axes moyenne ou courte, on augmente l'arc embrassé à l'aide de galets tendeurs ou d'enrouleurs. On atteint ainsi des raisons allant jusqu'à 10 et 15.

c) Enfin, on doit tenir compte de la *vitesse linéaire* et du *poids* de la courroie. Aux faibles vitesses, la courroie ne tient pas sur les poulies et a tendance à tomber ; aux grandes vitesses, la force centrifuge s'oppose à l'adhérence de la courroie sur la poulie, et de plus occasionne une fatigue supplémentaire. Les meilleures vitesses vont de 15 à 25 mètres par seconde, les limites extrêmes atteignant 3 à 4 mètres (minimum) et 30 à 33 mètres (maximum). Au-dessous de 8 mètres, il faut augmenter la largeur de la courroie ; au-dessus de 15 mètres, il faut augmenter sa section, pour parer à la surtension due à la force centrifuge.

En général, on a intérêt à tourner le plus vite possible, mais aux grandes vitesses, il faut prévoir le mouvement de lacet, et n'employer que des jonctions *collées*, pour éviter les chocs dus aux jonctions par agrafes.

Le poids de la courroie, lorsqu'il devient assez grand, influe sur la transmission et on doit en tenir compte dans la disposition relative des poulies, notamment dans le cas d'arbres parallèles et de grandes distances d'axes. (On verra, par la suite, que lorsque les arbres ne sont pas parallèles, on est obligé de guider la courroie et son poids n'intervient pas).

En premier lieu, *on doit éviter les courroies verticales* : toute cause d'allongement, en particulier le poids de la courroie, ayant pour effet de faire varier la tension et par conséquent de nuire à l'adhérence.

Dans les transmissions inclinées ou horizontales, il faut placer le brin tendu en dessous, de manière que le poids et l'allongement du brin mou placé en dessus, aient pour effet d'augmenter l'arc embrassé ; avec la disposition inverse, le brin mou en dessous s'écarte des poulies, ce qui diminue l'arc embrassé et par conséquent l'adhérence.

Cette dernière considération n'a pas trait, bien entendu, aux courroies croisées qui offrent toujours un enroulement sur un arc supérieur à π.

E. – Disposition des courroies.

La transmission par poulies peut s'appliquer à des arbres qui peuvent occuper trois positions relatives différentes : axes parallèles, axes concourants, axes non situés dans un même plan. Suivant le cas, la courroie peut tenir seule, sans guidage extérieur, sur la jante des poulies, ou bien des guides sont nécessaires, sinon la courroie ne tiendrait pas et tomberait.

a) Arbres parallèles.

Les plans moyens des poulies étant confondus, on peut avoir la disposition (fig. 196) dite à *courroie droite*, et celle (fig. 197) dite à *courroie croisée*.

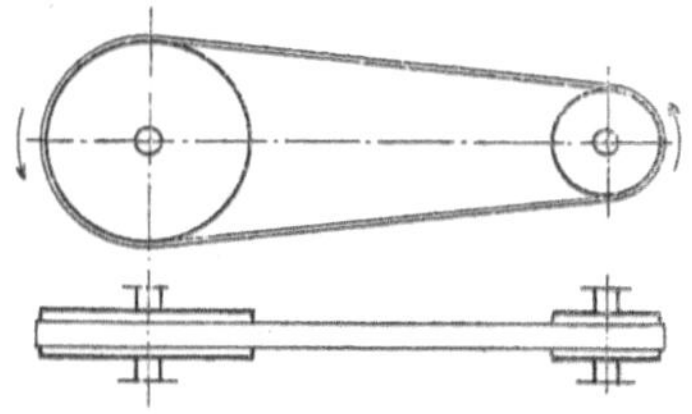

Fig. 196.

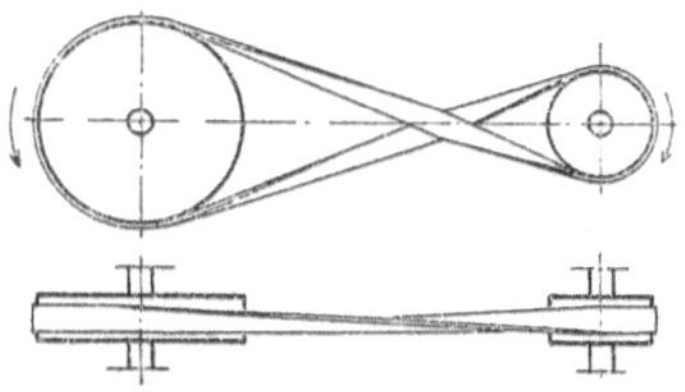

Fig. 197.

Dans cette dernière, on a soin de tordre la courroie en passant d'une poulie à l'autre, de manière à appliquer la même face sur les deux jantes, et à ce que les deux brins ne se gênent pas mutuellement au point de croisement où ils se présentent de champ : il en résulte un frottement nuisible en ce point entre les brins qui courent en sens inverse, et des tensions inégales dans les fibres à cause de la torsion : les courroies croisées s'usent plus vite.

b) Arbres concourants.

Il est impossible d'établir la transmission sans guider la courroie ; ce guidage est étudié dans le paragraphe suivant.

c) Arbres non situés dans le même plan.

La transmission peut avoir lieu sans guide s'il est possible de placer les poulies de telle sorte que leurs plans médians se coupent suivant une droite qui passe par les points où la courroie quitte les poulies.

L'expérience montre, en effet, que pour qu'une courroie puisse tenir sur une poulie, il suffit que le brin qui s'enroule arrive dans le plan moyen de la poulie ; le brin qui se déroule peut être dévié dans un plan tangent à la jante (fig. 198).

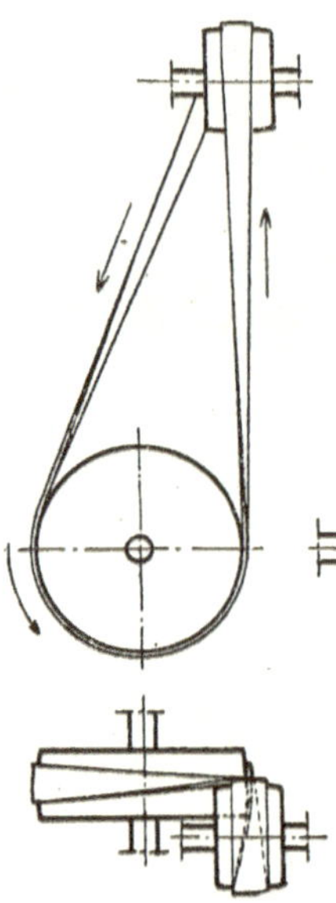

Fig. 198.

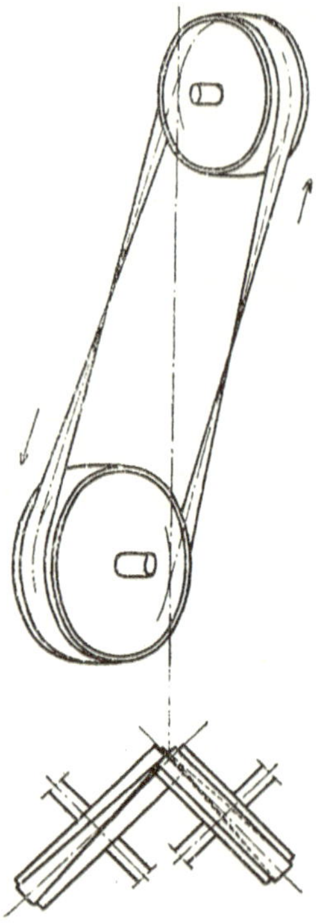

Fig. 199.

Dans le cas d'arbres non parallèles (fig. 199), la transmission est assurée suivant ce principe, *mais pour un sens de rotation déterminé.*

Pour la rotation inverse, la condition n'est pas remplie et la courroie tomberait.

C'est en vertu de ce principe que, pour déplacer une courroie sur un tambour, la fourche doit agir sur le brin qui s'enroule sur la poulie ; si on s'attaque au brin qui se déroule, on ne réussit pas à déplacer la courroie.

Chaque fois que la condition énoncée n'est pas réalisable, on renvoie la courroie par des poulies-guides (appelées galopins ou galets de renvoi) disposées de manière que le principe soit respecté.

1er exemple (fig. 200) : Les arbres sont parallèles, mais les poulies ne sont pas situées dans un même plan ; la courroie est renvoyée sur deux galopins placés chacun dans un plan tangent commun aux deux poulies ; la rotation peut s'effectuer indifféremment dans les deux sens.

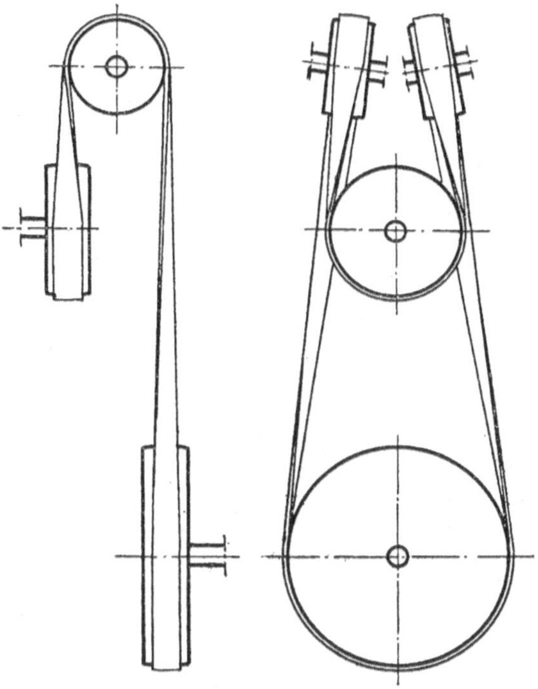

Fig. 200.

2e exemple (fig. 201) : Les arbres sont quelconques. On a pris deux points sur la droite d'intersection des plans moyens des poulies ; chaque galopin est tangent aux droites menées de chacun de ces points et tangentes aux poulies.

La rotation peut encore avoir lieu dans les deux sens.

Poulies orientables.

On facilite le montage des courroies guidées en utilisant des galopins portés par des supports conçus de manière à pouvoir régler leur orientation.

Dans le type (fig. 202), le plus simple, le support est fixé par deux boulons dont l'un passe dans une rainure en arc de cercle de la semelle, ce qui permet d'incliner le galet d'un certain angle de chaque côté de la verticale.

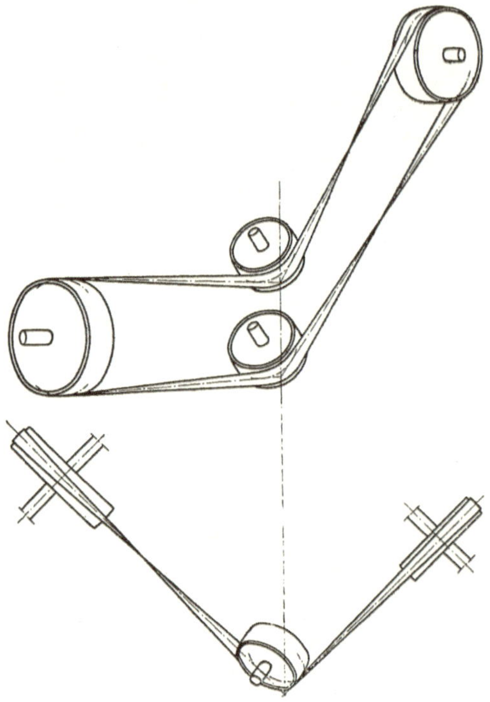

Fig. 201.

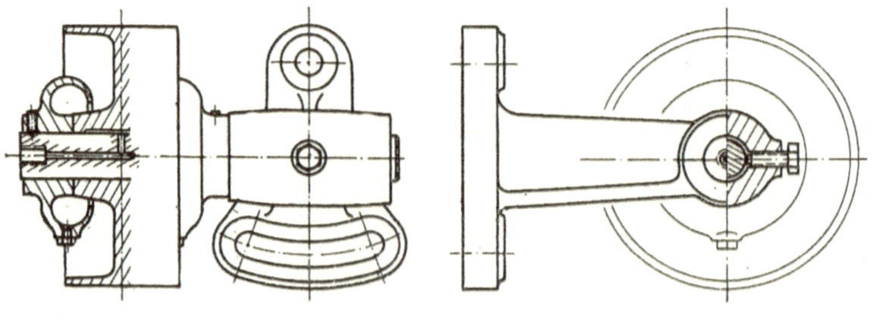

Fig. 202.

Dans le type (fig. 203), l'axe du galet est porté par un plateau orientable autour de son axe ; le support de ce plateau peut lui-même tourner autour de l'arbre sur lequel il est fixé.

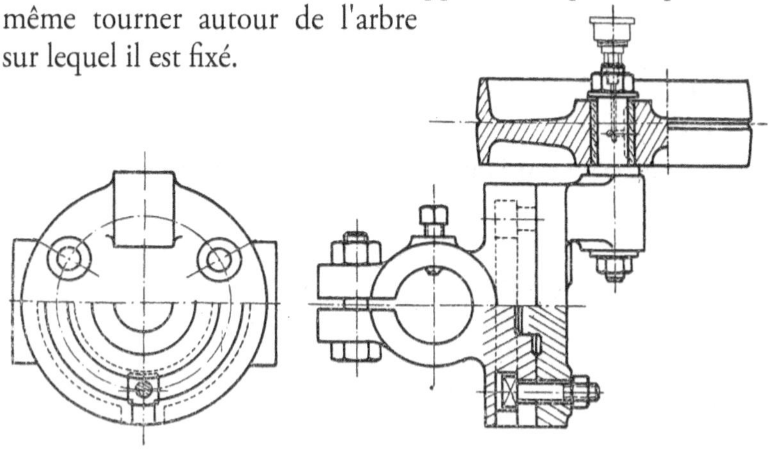

Fig. 203.

Galets tendeurs et enrouleurs.

On a vu précédemment que la tension des courroies pouvait varier suivant leur nature, soit par extension de leurs fibres à l'usage, soit par variation de la température ou de l'humidité. On y remédie par l'emploi de *galets tendeurs*, qui sont des galopins venant s'appuyer sur la courroie sous l'effet d'un contrepoids ; on doit faire agir le tendeur de préférence sur le brin mou, et aussi près que possible de la poulie motrice, on augmente ainsi, non seulement la tension, mais aussi l'arc embrassé (fig. 204).

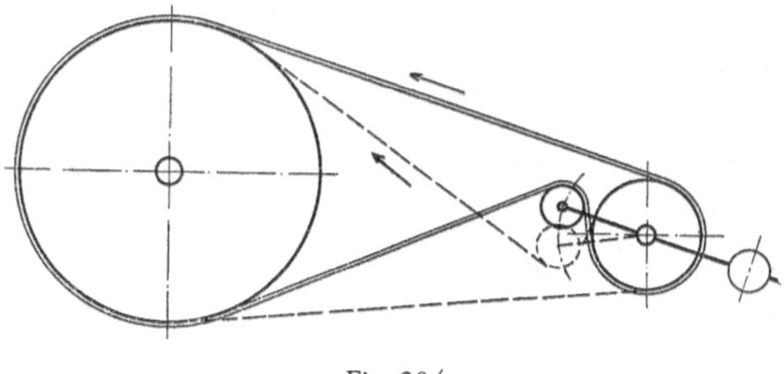

Fig. 204.

Ce dispositif procure une plus grande durée de la courroie ; on peut d'ailleurs l'utiliser pour *débrayer*, en supprimant la tension.

L'enrouleur est un galet tendeur monté sur un levier à contrepoids oscillant autour de l'axe *de la plus petite poulie*, qu'elle soit réceptrice (fig. 204, tracé en trait continu) ou motrice (même figure, tracé en pointillé), le galet devant toujours agir sur le brin mou.

Outre les avantages cités pour les tendeurs, l'enrouleur est surtout utilisé pour permettre d'atteindre des raisons élevées avec des distances d'axes faibles, en réalisant des arcs d'enroulement de grande valeur.

Une condition essentielle du bon fonctionnement des galets tendeurs ou enrouleurs (fig. 205) réside dans un graissage soigné de l'alésage, le galet étant généralement fou sur son axe et animé de grandes vitesses.

On les monte sur roulements à billes dans les transmissions importantes.

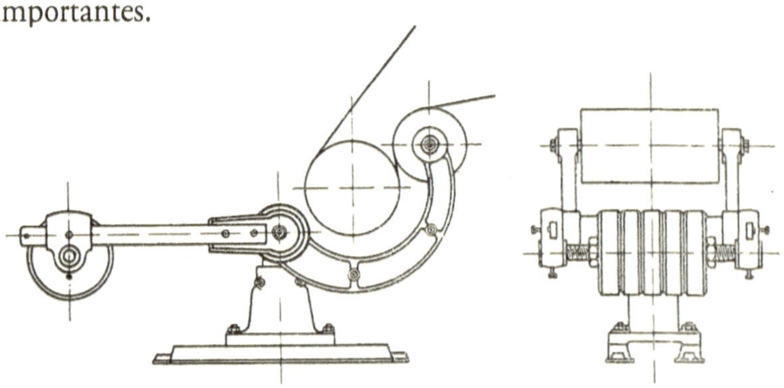

Fig. 205.

F. — Poulies à câbles.

La transmission par courroie présente, comme on l'a vu, de sérieux inconvénients lorsque la distance des arbres atteint 15 mètres environ. De plus, pour de grandes puissances, la largeur de la courroie devient considérable et sa tension difficile à obtenir.

Enfin, si son élasticité propre permet à une courroie des allongements qui procurent une grande sécurité dans les transmissions ordinaires, elle devient une cause d'impossibilité dans les cas précités.

La transmission par câbles, au contraire, permet d'atteindre de très grandes distances et de très grandes puissances, par l'emploi de câbles métalliques notamment, dont la résistance est élevée sous un faible poids, par la faculté de leur donner de grandes vitesses linéaires et par la possibilité de placer plusieurs câbles côte à côte sur une même poulie.

Il faut noter, cependant que, pour les câbles métalliques, on ne peut compter sur leur élasticité pour les tendre ; la tension sera due à leur poids propre, ou produite artificiellement. Une variation de longueur très faible correspondant à des changements de tension considérable, ce genre de transmission ne doit pas faire intervenir l'élasticité pour produire l'adhérence, mais on doit prévoir au contraire une installation qui élimine les causes de variation de longueur.

Enfin, la longueur considérable donnée habituellement aux câbles donne une grande importance aux oscillations qu'ils peuvent prendre par suite de variations dans l'effort transmis, ou sous l'action du vent, ou encore par défauts de montage. Aussi, les transmissions à grande distance (dites *télédynamiques*) par câbles ne sont pas utilisées dans la commande directe des machines-outils.

D'ailleurs, dans beaucoup de cas, l'électricité donne aujourd'hui de meilleures solutions, mais la transmission par câbles est souvent plus économique.

Sous les réserves précédentes, la transmission par câble est comparable à la transmission par courroies, sauf la forme particulière des poulies.

Poulies à câbles.

Elles sont généralement en fonte et en deux pièces, de grand diamètre ; leur jante présente des rainures ou gorges en forme de V. On doit, en effet, prévoir des joues latérales assez hautes pour éviter la chute du câble sous l'action des oscillations qu'il prend en marche. Ces gorges ont la forme d'un V pour que le câble reste toujours au milieu.

Pour les câbles en textile, l'angle de la gorge est tel que le câble vient coincer sur les faces de la rainure et non porter dans le fond, ceci pour les poulies motrices ou réceptrices : cette disposition donne une adhérence environ deux fois plus grande, ce qui permet de diminuer la tension du câble. Cet angle est pris égal à 30° pour les câbles en coton et à 45° pour les câbles en chanvre. La jante présente suivant les besoins une, deux (fig. 206) ou plusieurs gorges.

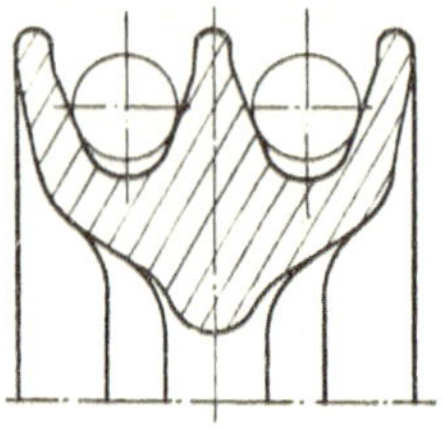

Fig. 206.

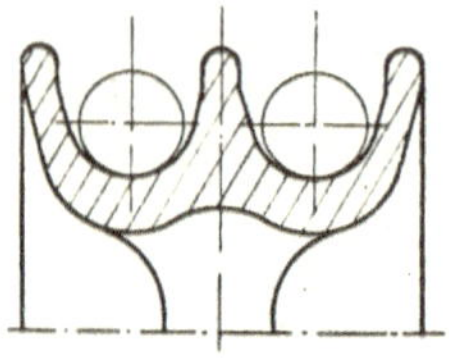

Fig. 207.

Dans les poulies-guide ou de renvoi, qui doivent seulement supporter le câble, les gorges sont assez larges pour qu'il n'y ait pas coincement, et le câble porte sur le fond arrondi de la gorge (fig. 207).

La figure 208 montre une poulie à câbles, à trois gorges, en fonte en deux pièces ; les bras sont au nombre de 6, à section elliptique ; la jonction des deux parties a lieu suivant l'axe de deux bras en prolongement, la section de ces bras étant évidée pour les alléger ; la réunion a lieu par boulons passant dans des oreilles à la jante et au moyeu (deux boulons) et dans un bossage au milieu de la longueur du bras.

Pour les câbles métalliques, qui ne peuvent supporter sans inconvénient le coincement latéral, les gorges sont assez larges pour leur permettre de porter au fond. On augmente l'adhérence, assez faible, en garnissant le fond de la gorge de bois ou de cuir, encastré dans une rainure en queue d'hironde (fig. 209). L'angle des gorges et généralement de 60° dans les poulies à une seule gorge ; pour deux gorges, l'inclinaison de la nervure médiane n'est que de 15° afin d'éviter une trop grande largeur de la jante, la face extérieure étant inclinée à 30°.

On ne construit pas de poulies pour câbles métalliques à plus de deux gorges, étant donné le frottement nuisible qui se produirait entre les câbles et l'impossibilité d'assurer les mêmes conditions de travail pour les différents câbles. Les poulies à câbles métalliques sont souvent en fonte, comme celles pour câbles en textile ; quelquefois, pour de très grands diamètres, la jante et le moyeu sont en fonte, et la brassure en fers ronds dont les extrémités sont noyées dans la fonte à la coulée. On adopte souvent pour les bras la disposition de la figure 210 : ils sont inclinés alternativement en sens inverse sur le plan moyen de la poulie, ce qui donne plus de rigidité à l'ensemble contre les efforts latéraux.

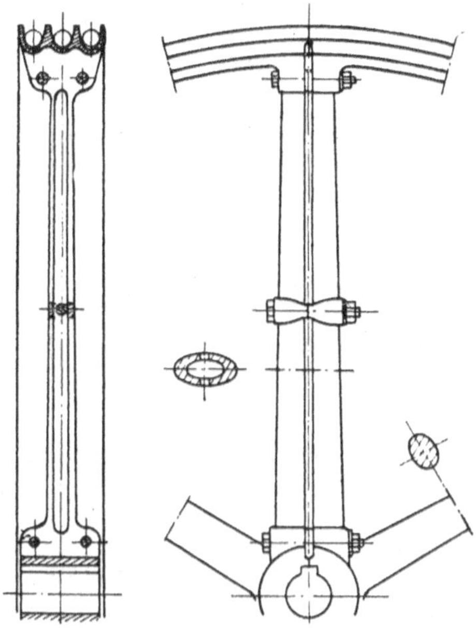

Fig. 208.

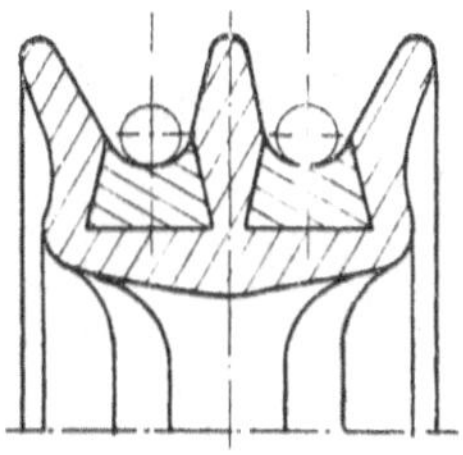

Fig. 209.

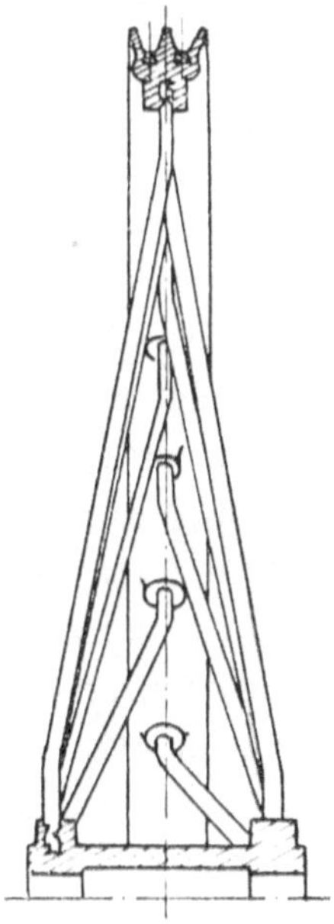

Fig. 210.

G. — Câbles de transmissions.

On emploie des câbles en textile : coton ou chanvre, et des câbles métalliques.

Câbles en textile.

Ils sont formés de trois torons tordus ensemble en hélice ; chaque toron est lui-même composé d'un grand nombre de fils tordus également en

Fig. 211.

Fig. 212.

hélice. On utilise des câbles ronds (fig. 211) et des câbles carrés (fig. 212) ; dans ces derniers, les torons sont tressés et non tordus, cette forme empêche le câble de tourner et de se tordre comme les câbles ronds.

On conserve la même forme aux gorges dans les deux cas ; les câbles carrés sont presque inextensibles, mais ils coûtent plus cher. Les diamètres usuels des câbles en textile vont de 35 à 55 mm. Si la transmission exige un diamètre supérieur, on préfère placer plusieurs câbles côte à côte que d'augmenter le diamètre. On trouve des installations comprenant ainsi jusqu'à 25 câbles sur la même poulie.

Les textiles employés sont : le *chanvre de Manille*, le *chanvre russe* et le *coton*. Le chanvre est plus résistant, le coton plus souple, mais il s'allonge davantage. Ces matières ne supportant pas les intempéries, on ne doit les employer que dans des locaux couverts, ou alors on les enduit d'une couche mince de goudron léger, à chaud, après passage dans un bain de savon (solution à 100 grammes par litre d'eau) et séchage.

Les câbles en textile sont utilisés pour des distances d'axes allant jusqu'à 20 et 25 m au maximum, et à des vitesses linéaires qui atteignent normalement 25 m par seconde pour les câbles ronds et 30 m pour les câbles carrés. Ils doivent s'enrouler sur des poulies de diamètre minimum 30 fois le diamètre du câble ; on peut descendre à 20 fois le côté pour les câbles carrés.

On compte sur un glissement de 1,5 % environ pour les câbles ronds, il est négligeable pour les câbles carrés.

La jonction des extrémités se fait par *épissure*, laquelle doit être longue et bien exécutée, le câble ne devant pas présenter de surépaisseur à l'endroit de l'épissure, ce qui causerait des chocs aux vitesses employées, et un surcroît de tension nuisible.

Les transmissions par câbles sont utilisées dans les ateliers, dans le cas de grandes puissances qui nécessiteraient des courroies très larges et beaucoup plus coûteuses, notamment lorsque la puissance doit être distribuée à différents étages. Les câbles en coton sont surtout employés pour les ponts roulants, ils ont au plus un diamètre de 20 mm.

Lorsqu'on emploie plusieurs câbles ensemble, on prévoit toujours un nombre de câbles supérieur à celui donné par le calcul, pour tenir compte du vieillissement des câbles dont la fatigue augmente avec le temps.

Câbles métalliques.

Ils sont constitués par la réunion de fils d'acier minces (de 0,4 à 2 mm) en torons, qui sont eux-mêmes enroulés en hélice autour d'une âme en chanvre, dont la présence donne plus de souplesse au câble. La disposition des torons (ou *commettage* du câble) est très variable ; en général, le commettage ordinaire comprend 6 torons de 6 fils chacun (fig. 213) : le câble est dit rond. Les fils et les torons peuvent être enroulés dans le même sens (câble ordinaire) ou en sens inverse (à tors croisés) ce qui rend le câble antigiratoire. On fabrique des câbles triangulaires en plaçant une âme de forme appropriée au centre de chaque toron (fig. 214) : on a ainsi moins d'usure, le frottement extérieur portant sur un plus grand nombre de fils, et le câble est plus souple et plus résistant. On construit également des câbles à torons méplats et des câbles plats.

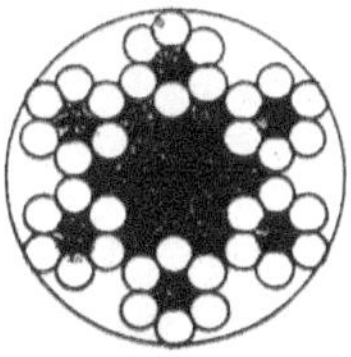

Fig. 213.

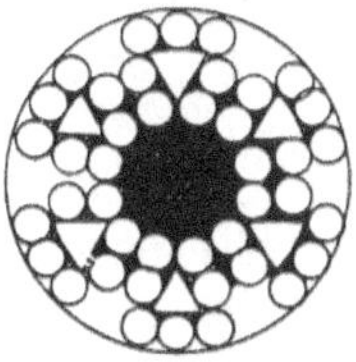

Fig. 214.

Les câbles métalliques étant formés de fils d'aciers spéciaux de grande résistance, sont eux-mêmes très résistants sous un faible poids. L'acier employé est de l'acier fondu au creuset ou du fer doux de Suède. Pour éviter l'oxydation, on galvanise parfois ces câbles mais leur résistance s'en trouve diminuée de 10 % environ.

En général, le choix d'un câble porte sur sa résistance et sur sa souplesse. Pour la résistance, il vaut mieux prendre un câble à gros fils et en acier doux, qu'un câble à fils fins et en acier à haute résistance. Pour la souplesse au contraire, les câbles en fils fins sont préférables. Il est prudent, en conséquence, de se conformer aux indications fournies par les fabricants. Et pour tenir compte de la raideur du câble, qui s'oppose à son enroulement et peut occasionner une fatigue supplémentaire importante, on donnera aux poulies des diamètres suffisamment grands : soit 800 à 1 000 fois le diamètre des fils qui le constituent.

On n'emploie la transmission par câbles métalliques que pour de grandes distances, 30 m au minimum et jusqu'à 120 m ; leur vitesse linéaire doit être assez grande, 25 à 32 m par seconde, surtout pour les grands efforts. On compte sur un glissement de 1 à 1,5 %.

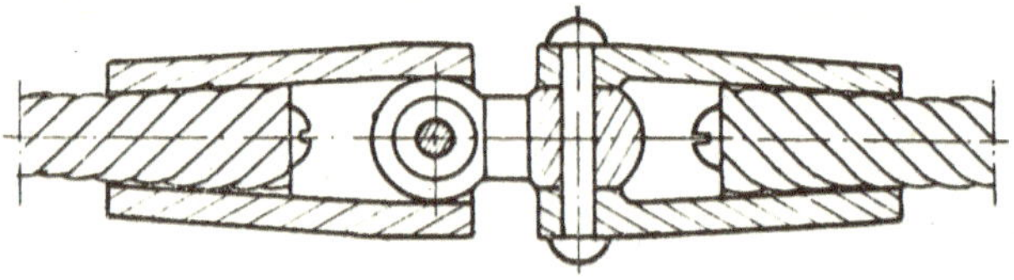

Fig. 215.

La jonction des extrémités des câbles se fait par épissure portant sur une grande longueur ; l'épissure nécessite une longueur supplémentaire de 2 et 3 m, et son exécution présente toujours une certaine difficulté.

Aussi emploie-t-on souvent une agrafe (fig. 215) constituée par deux douilles coniques, le bout du câble étant serré dans sa douille par refoulement à l'aide d'une vis conique placée au centre du câble ; les deux coulants sont réunis par un petit tirant articulé sur chacun par un rivet, la disposition des deux rivets dans des plans rectangulaires donnant à la jonction toute liberté de flexion, en tous sens.

Disposition des transmissions par câbles.

Pour les câbles en textiles, la tension est due à l'élasticité et aussi au poids des brins qui prennent la forme de la courbe appelée chaînette (fig. 216) ; l'action du poids augmente avec la distance des arbres, aussi on ne descend pas au-dessous de 8 m ; au-dessus de 25 m, on doit soutenir le câble par des poulies-guides. Dans tous les cas, on a soin de placer le brin conducteur

Fig. 216.

qui est plus tendu au-dessous du brin conduit qui est mou. Pour assurer une tension égale dans tous les brins, au cas d'emploi de plusieurs câbles parallèles, on utilise parfois un câble unique sans fin, disposé comme le montre la figure 217 : la petite poulie ayant une gorge de plus que la grande, le câble s'enroule successivement de l'une à l'autre, puis passe de la dernière gorge de la petite à une poulie de tension d'où elle revient à la première gorge de la petite poulie.

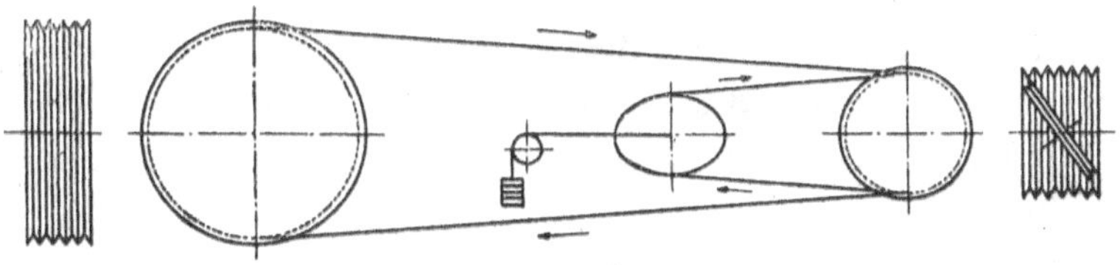

Fig. 217.

La poulie de tension est montée sur un chariot mobile, toujours tiré par un contrepoids : on a ainsi une même tension dans tous les brins et de plus, on évite la tension du câble avant le montage.

Fig. 218.

Pour les câbles métalliques, la flèche est plus grande, aussi faut-il prévoir le libre passage du câble inférieur et éviter le frottement des deux brins. Pour de grandes distances, on est obligé de soutenir les deux brins séparément (fig. 218), ou on adopte la disposition de la figure 219 : la transmission est fractionnée en un certain nombre d'intervalles, chaque poulie comportant deux gorges et constituant un renvoi ; on a soin de choisir des intervalles égaux afin d'avoir des câbles de même longueur.

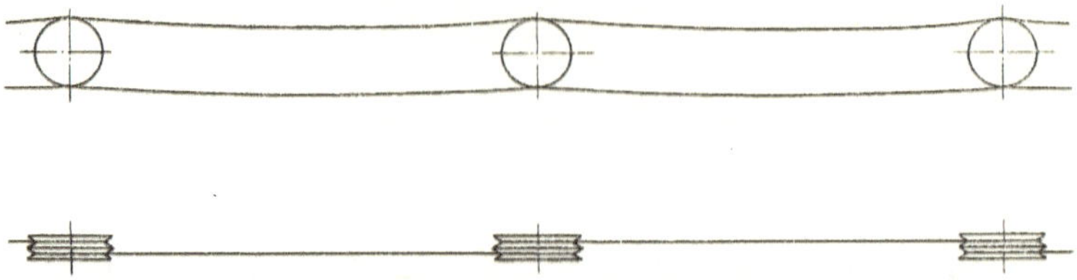

Fig. 219.

Les câbles métalliques exigent un certain entretien qui consiste à les graisser périodiquement : on conserve ainsi leur souplesse, et on évite la rouille. On emploie à cet effet des huiles minérales exemptes d'acidité, le graissage doit être modéré pour éviter les dépôts et la formation de croûtes dures dans les gorges, nuisibles au bon fonctionnement.

Étant donnés les grands diamètres des poulies et les grandes vitesses, le montage des poulies doit être soigné, et celles-ci équilibrées. Leurs supports doivent être très rigides pour éviter les vibrations.

CHAPITRE VI

ROUES DENTÉES

Généralités.

Les roues de friction permettant seulement la transmission d'efforts relativement faibles et ne donnant pas un rapport de vitesses rigoureusement constant, on a été conduit, pour transmettre des efforts élevés sans glissement (transmission dite *positive*), à employer des roues dont la surface est munie de saillies et de creux disposés suivant leurs génératrices. De telles roues sont appelées *roues dentées*, les saillies étant des dents. Et on distingue, comme précédemment, les roues dentées à action directe, plus spécialement dénommées *engrenages*, et celles à action indirecte, appelées *roues à chaînes*.

§ 1. ENGRENAGES

Rappel des notions de Cinématique.

Sous certaines conditions de forme et de dimensions, deux roues dentées engrèneront ensemble, les dents de l'une pénétrant dans les creux de l'autre, et réciproquement ; on dit que les roues forment un *couple*, ou qu'elles sont *conjuguées*.

Dans le mouvement de deux roues qui engrènent ensemble, tout se passe comme si on avait deux roues de friction fictives roulant l'une sur l'autre, mais sans aucun glissement, et sans qu'il soit nécessaire d'exercer une pression quelconque entre elles.

Pour plus de simplicité, on considère généralement les sections droites des roues par un plan perpendiculaire à leur axe ; les circonférences fictives ainsi obtenues dans les roues de friction primitives correspondantes sont appelées *conférences primitives.* (Il s'agit seulement, pour l'instant, de roues cylindriques.) Et les nombres de tours /minute des roues seront encore inversement proportionnels aux rayons ou aux diamètres primitifs, soit :

$$N / N_1 = R_1 / R = D_1 / D$$

Mais ici, ce rapport est rigoureusement constant pendant toute la durée du mouvement.

Pour assurer la continuité et la régularité du mouvement, les dents sont en nombre entier et placées à des intervalles égaux, de sorte que la circonférence primitive est divisée en autant de parties égales qu'il y a de dents ; chacune de ces parties, comprenant une dent et un creux consécutifs est appelée *le pas* de la denture. Il est évident que, pour que deux roues puissent engrener ensemble, elles doivent d'abord avoir le même pas.

Terminologie relative à la denture.

Dans la section droite d'une dent, on trouve les éléments suivants (fig. 220) : la denture est limitée à l'extérieur par le *cercle d'échanfrinement* ; la portion de ce cercle qui termine la dent est appelée tête, le cercle d'évidement limite la dent à l'intérieur et forme le pied de la dent.

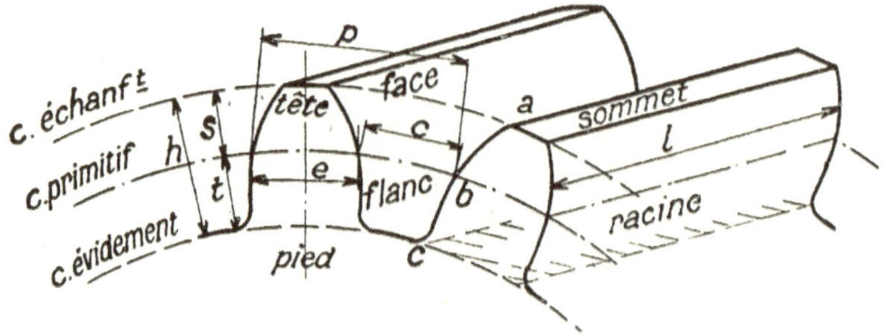

Fig. 220.

Le cercle primitif divise la hauteur *h* de la dent en deux parties : la saillie *s* au-dessus et le creux *t* au-dessous du primitif, l'épaisseur *e* de la dent, la largeur *c* du creux, ainsi que le pas *p* sont mesurés sur le cercle primitif. La dent est séparée du creux par une ligne *abc* appelée *profil* ou *odontoïde* ; presque toujours la dent est limitée par deux profils symétriques par rapport au rayon passant par le milieu de l'épaisseur. La rotation peut alors avoir lieu dans les deux sens, les roues sont *réciproques*. En considérant la dent entière, la surface qui correspond à la tête est le *sommet*, celle qui passe par le pied est la *racine*, enfin la surface relative au profil prend le nom de *flanc* au-dessous du primitif et de *face* au-dessus.

La *largeur de la dent l* correspond à la longueur de génératrice de la roue primitive.

Conditions de bon fonctionnement.

Pour que la transmission du mouvement par roues dentées ait lieu dans de bonnes conditions, il faut que la denture soit construite de telle sorte qu'il ne puisse y avoir ni *chocs*, ni *coincement* entre les dents, et que le frottement entre leurs surfaces soit aussi réduit que possible.

Pour réaliser ces conditions, il faut d'abord que la division en parties égales de chaque roue soit effectuée avec la plus grande précision. De plus, les *profils conjugués* à donner aux dents doivent être rigoureusement conformes aux épures tracées suivant les règles établies en Cinématique. Enfin, on doit toujours assurer l'engrènement au moins sur deux dents.

Classification des dentures suivant le mode de fabrication.

À ce point de vue, on distingue la *denture brute* et la *denture taillée.*

a) ***La denture brute***, exécutée en fonderie soit par moulage (à la main ou mécanique) sur modèle de préférence métallique, soit au trousseau avec denture placée par une machine à diviser.

Ces roues étant employées sans aucun usinage de la denture ne peuvent tourner qu'à de faibles vitesses, leur marche étant plus ou moins régulière, à cause du jeu qu'on est obligé de prévoir entre les dents (épaisseur $^{19}/_{40}$ du pas, creux $^{21}/_{40}$ du pas, jeu $^{1}/_{20}$ du pas) : il en résulte des chocs qui rendent le fonctionnement bruyant, et qui seraient dangereux aux grandes vitesses.

b) ***La denture taillée***, dont les dents sont exécutées sur des machines spéciales qui les taillent à l'aide d'outils de coupe spéciaux (fraises, en général), avec une précision rigoureuse du profil et de la division.

Les dentures taillées sont sans jeu, d'où un fonctionnement régulier, sans chocs, ce qui permet de les employer à de grandes vitesses sans bruit et sans risques de rupture.

A. — Profils des dents.

On montre en Cinématique les conditions que doivent remplir les courbes pour être utilisées comme profils de dentures d'engrenages.

Il résulte de cette étude le choix, consacré par la pratique, des profils *épicycloïdaux* et en *développante de cercle.*

La comparaison des deux dentures conduit aux considérations suivantes :

- la *pression normale* entre deux dents en prise varie pendant l'engrènement avec les profils épicycloïdaux, tandis qu'elle reste constante avec les profils en développante ; de ce fait, ces derniers ne causent pas de vibrations comme les premiers, et la pression sur les paliers est moindre ;
- la *forme des dentures* en développante est meilleure au point de vue de la résistance, la dent étant plus épaisse vers la base, tandis qu'elle est étranglée à la racine dans la forme épicycloïdale ;
- par sa nature même, la développante permet d'augmenter l'entraxe de deux roues conjuguées, ce qui n'est pas possible avec l'épicycloïde ;
- l'*usure* est plus régulière dans les dentures en développante ;
- enfin si, avec les profils épicycloïdaux, on peut descendre à des nombres de dents plus petits, les profils en développante exigent un outillage moins important pour la constitution des séries de roues d'assortiment, comme nous le verrons par la suite.

En résumé, pour des cas spéciaux, par exemple lorsque le nombre de dents est petit, on utilise les profils épicycloïdaux ;

sinon on emploie toujours le profil à développante, qui a d'ailleurs été adopté par le CNM.

Bien que la question du tracé des profils relève des cours de géométrie et de cinématique, elle sera traitée ici rapidement, au seul point de vue du dessin et de l'atelier.

a) Tracé par épicycloïdes.

Dans ce tracé, les faces des dents sont des arcs d'épicycloïdes, et les flancs, des arcs d'hypocycloïdes, obtenus à l'aide d'une même roulette roulant sur le cercle primitif comme base.

1° TRACÉ DE L'ÉPICYCLOÏDE (fig. 221). C Circonférence de base, *r*, roulette. I, origine de la courbe. Tracer *r* tangent à C en I. Diviser *r* en un certain nombre de parties égales à partir de I : points 1, 2, 3, 4, etc.; porter ces divisions sur C, à partir de I : point 1', 2', 3', 4', etc. Un point quelconque m_4 de la courbe s'obtient par l'intersection du cercle de centre 4', rayon de I-4, et du cercle de centre I, rayon 4'-4. La tangente en m_4 à la courbe est obtenue en joignant m_4 à *t*, intersection de la droite O-4' avec le cercle de centre O rayon O^a.

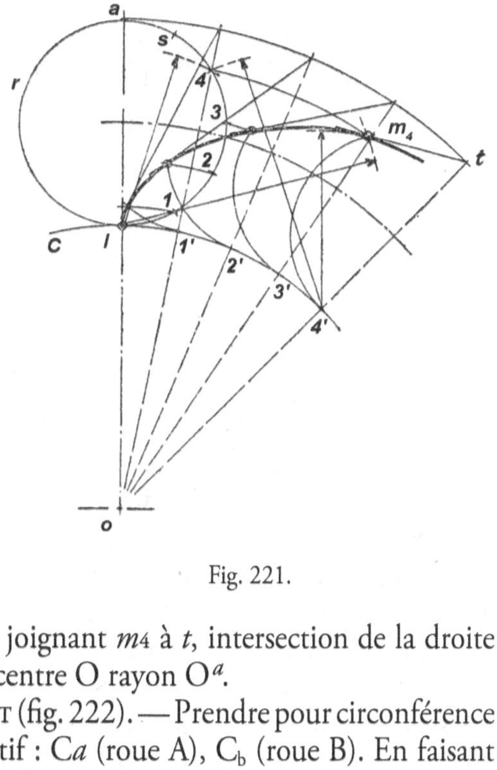

Fig. 221.

2° TRACÉ DE LA DENT (fig. 222). — Prendre pour circonférence de base le cercle primitif : C*a* (roue A), C_b (roue B). En faisant rouler la roulette *r* sur C*a*, on obtient la courbe I*m* ; en faisant rouler r_1 à l'intérieur de C*a*, on obtient la courbe I*n* ($r_1 = r$). Le profil de la dent de A est pris sur *n*I*m* limitée par les cercles d'échanfrinement et d'évidement de A.

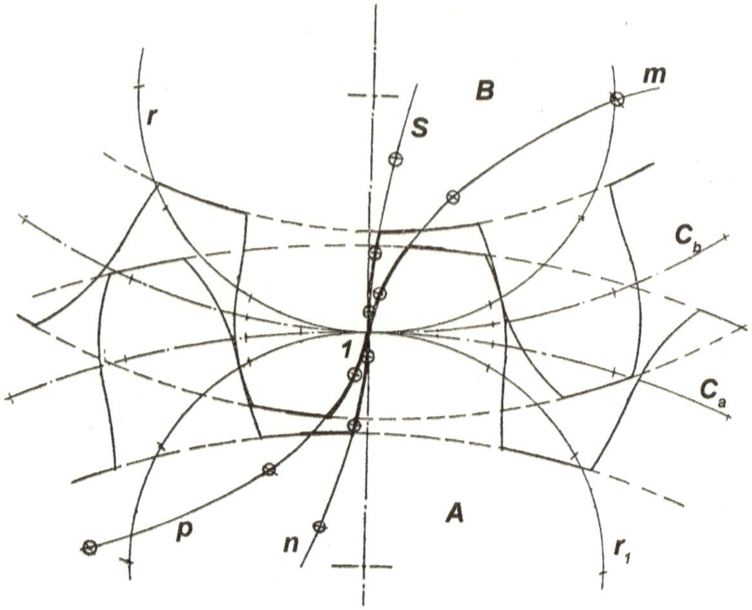

Fig. 222.

Même tracé pour la dent de B, en faisant rouler *r*1 sur C_b) (courbe I*p*), puis *r* à l'intérieur de C_b (courbe I*s*), le profil étant sur *s*I*p* limitée par les cercles d'échanfrinement et d'évidement de B.

Rayon de la roulette.

La forme de la dent varie avec ce rayon de la manière suivante : tant que sa valeur est inférieure à celle du rayon primitif, la dent va en s'épaississant vers la racine, ce qui donne une meilleure résistance, et en s'amincissant vers la tête. Il ne faut pas descendre au-dessous d'une certaine valeur, pour éviter des dents trop pointues, et une saillie insuffisante pour une conduite régulière.

Pour une valeur du rayon de la roulette supérieure au rayon primitif, les dents sont étranglées à la racine, et de plus en plus épaisses au sommet : mauvaises conditions pour la résistance, qui font rejeter ces valeurs.

Quand la roulette est égale au cercle primitif, le flanc de la dent est réduit à 1 point ; on est obligé de donner au creux une forme qui permette le passage du sommet de la dent conjuguée, et la racine se trouve très étranglée. Ce tracé est employé dans le cas de très petits nombres de dents, 4, 5 ou 6, dans les crics par exemple. Dans la pratique, on est conduit à employer la même roulette pour tous les engrenages de même pas, de manière qu'ils puissent engrener indifféremment les uns avec les autres (roues d'assortiment). L'usage a consacré pour le rayon de la roulette la valeur $r = 7/8$ du pas.

Mais avec cette valeur, en rejetant les dents étranglées à la racine, la plus petite roue doit avoir 11 dents.

b) Tracé par développantes.

Dans ce tracé, les profils des dents sont des arcs de développante, obtenus en faisant rouler une droite sur un cercle.

1° TRACÉ DE LA DÉVELOPPANTE DE CERCLE (fig. 223). — C cercle de base. I origine de la courbe. Mener par I', diamétralement opposé à I, la tangente Δ à C. Porter sur Δ, à partir de I', la longueur de la circonférence C développée.

Diviser Δ et C en un même nombre de parties égales : soit 1, 2, 3, 4, etc.; 1', 2', 3 , 4', etc., les points de division obtenus. Tracer par 1, 2, 3, etc. les tangentes à C, dans le même sens. De 0

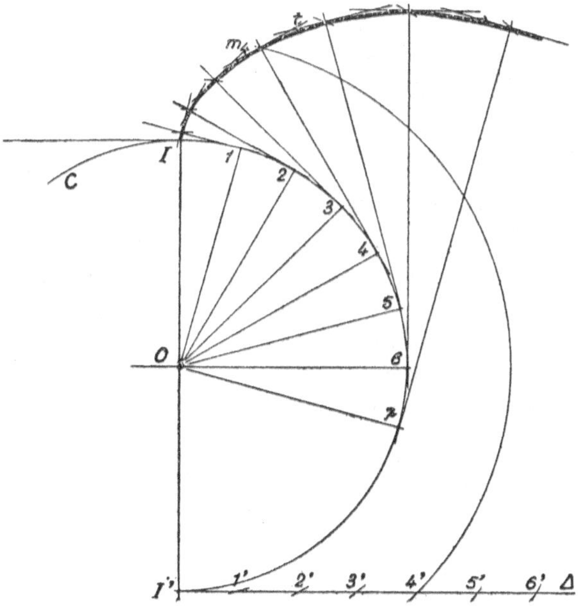

Fig. 223.

comme centre, mener les cercles de rayons 0-1', 0-2', 0-3', etc. Chaque cercle coupe la tangente de même numéro en un point appartenant à la courbe : *m*4, par exemple, est l'intersection du cercle 0-4' avec la tangente 4.

On obtient la tangente en *m*4 à la développante en menant, par ce point, *m*4*t* parallèle au rayon 0-4.

TRACÉ DE LA DENT (fig. 224) — Soient les cercles primitifs C*a* et C*b* des roues conjuguées A et B, tangents en I. Mener par I la droite *xy* faisant avec la ligne des centres un angle : θ = 70°. Mener des centres O*a* et O*b* les perpendiculaires sur *xy* : O_aH_a, O_bH_b, et tracer les cercles S_a et S_b avec O_aH_a et O_bH_b, comme

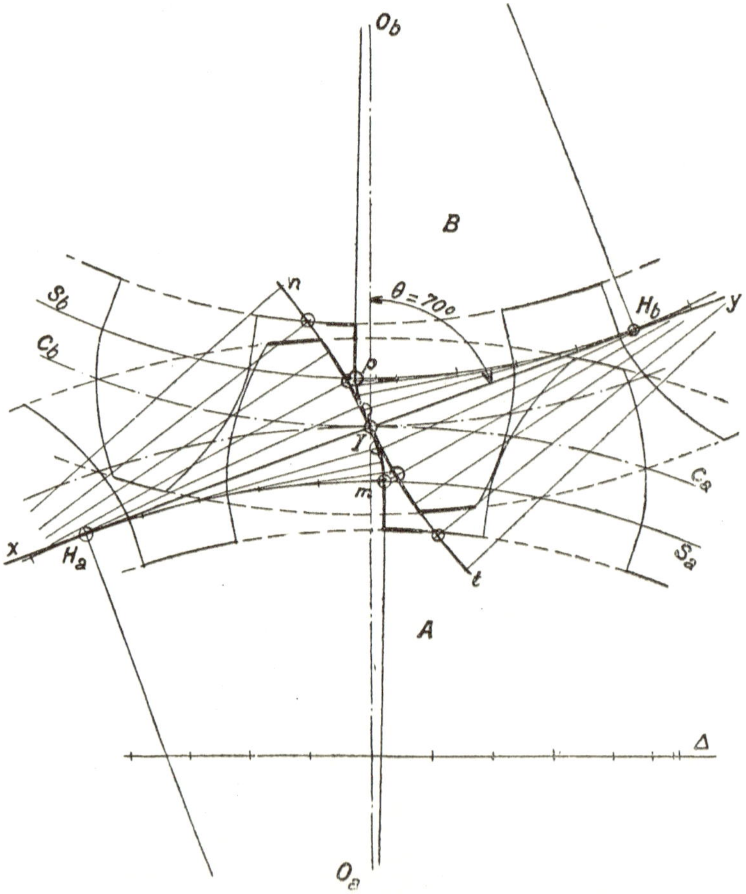

Fig. 224.

rayons. En faisant rouler *xy* sur S*a*, on obtient la développante *m*I*n*, profil de la dent de A ; et sur S*b*, *p*I*t*, profil de la dent de B. Ces profils sont limités aux cercles d'échanfrinement et d'évidement des roues.

Remarques. – 1° L'inclinaison de *xy* sur la ligne des centres n'est pas arbitraire ; quand θ diminue, les dents deviennent pointues, donc fragiles au sommet, et au-dessous d'une certaine valeur, leur saillie est insuffisante pour assurer la conduite. Quand θ augmente, les dents deviennent larges au sommet, en restant cependant plus minces qu'à la racine, mais la durée de la conduite diminue, si bien que pour θ = 90°, elle n'a lieu avec le rapport de vitesses voulu qu'au passage en I. La pratique avait consacré la valeur de θ = 75°, mais la normalisation, pour d'autres raisons, a fixé la valeur θ = 70°.
2° La forme des dents ne dépend que de l'angle θ, par suite toutes les roues de même pas, tracées avec le même angle θ, engrèneront indifféremment les unes avec les autres, quel que soit leur diamètre primitif. Cependant, quand ce diamètre diminue, la durée de la conduite diminue aussi ; or, pour une marche régulière, elle doit être au moins égale au pas. Il en résulte que, dans la pratique, on ne doit pas descendre au-dessous d'un certain nombre de dents : 9 avec θ = 70° (12 avec θ = 75°).
3° Il arrive, comme on le voit sur la fig. 224, que le cercle d'évidement soit plus petit que le cercle de base sur lequel se trouve l'origine de la développante. On est donc obligé de prolonger celle-ci par un profil auxiliaire, le plus souvent suivant le rayon (fig. 225 *a*), à condition qu'il n'en résulte pas un étranglement trop prononcé de la racine. Auquel cas (fig. 225 *b*), on prolonge la développante par une tangente à un petit cercle concentrique à la roue, de diamètre au moins égal à l'épaisseur de la dent. En pratique, on prend pour ce petit cercle un rayon *r* = 1/10 du rayon primitif (Fives-Lille) ou 1/6 (Creusot).

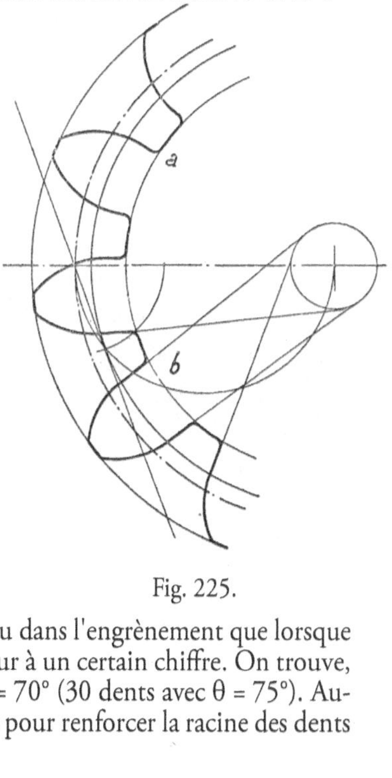

Fig. 225.

4° Ce profil auxiliaire n'entre en jeu dans l'engrènement que lorsque le nombre de dents devient inférieur à un certain chiffre. On trouve, pour ce minimum, 17 dents avec = 70° (30 dents avec θ = 75°). Au-dessus de ce nombre, on en profite pour renforcer la racine des dents par un fort congé.

c) Tracés approximatifs.

Les tracés exacts, devant être effectués avec beaucoup de soin, sont longs et délicats. Ils ne sont employés que pour la fabrication des gabarits et des fraises servant à la taille des dentures, par les maisons spécialisées dans cette construction. Dans les ateliers de mécanique courante, on n'a donc pas à se préoccuper de ces tracés lorsqu'il s'agit de dentures taillées.

Pour les dentures brutes, fonctionnant avec un certain jeu, on utilise des tracés approximatifs, où l'on remplace les courbes exactes par des arcs de cercle, en se basant sur ce que cette substitution peut avoir lieu sans inconvénient à cause de la faible longueur des courbes utilisées.

1° Tracé par un seul arc de cercle. – Cette construction est utilisée pour les profils en développante, pour lesquels elle

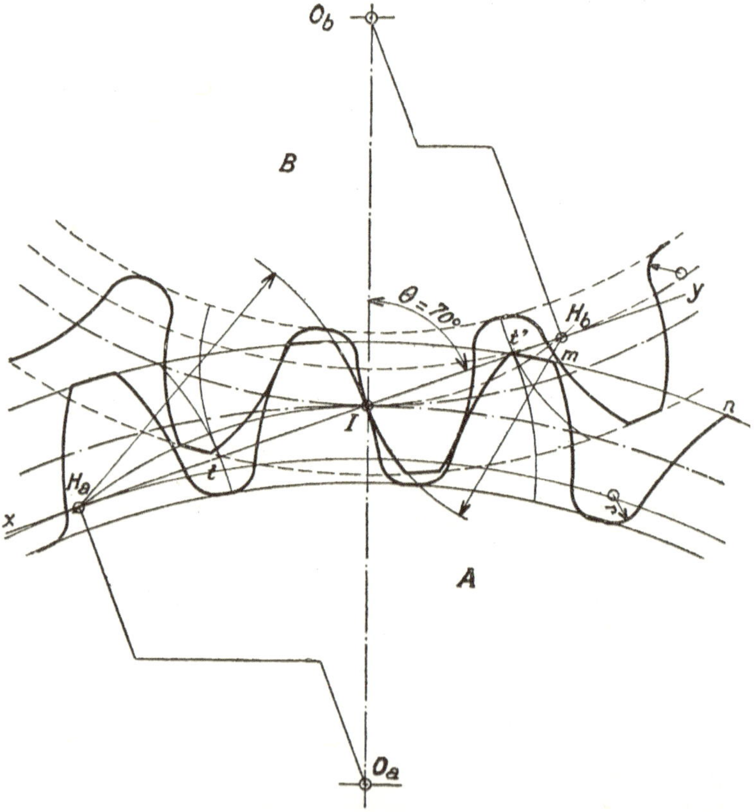

Fig. 226.

est comparable au tracé rigoureux. Décrire (fig. 226) les cercles primitifs des roues A et B tangents en I. Mener par I la droite *xy*, faisant avec la ligne des centres l'angle θ = 70°. Mener des centres O*a*, O*b* les perpendiculaires O*a*H*a*, O*b*H*b*, sur *xy*. Le profil des dents de A sera obtenu par l'arc de cercle de centre H*a*, de rayon H*a*I. Pour les tracer, décrire la circonférence de centre O*a*, rayon O*a*H*a*, lieu des centres des arcs ; porter à partir de I, sur le cercle primitif, successivement la valeur de un plein et de un creux et mener par ces points les arcs de rayon H*a*I *dans le sens convenable.* Limiter la hauteur des dents par les cercles d'échanfrinement et d'évidement. Prolonger, s'il y a lieu, les arcs au-dessous du lieu des centres par un profil auxiliaire, comme il a été dit, et raccorder le pied de la dent au fond du creux par un congé de rayon $r = mn/6$ (au-dessus de 17 dents).

2° Tracé par deux arcs de cercle (fig. 227), utilisé pour les profils épicloïdaux. Décrire les cercles primitifs des roues A et B tangents en I. Mener la ligne des centres O_aO_b. Porter sur cette droite, de part et d'autre de I, Iω*a* =Iω*b*=⅞ pas ; décrire de ω*a* et ω*b*, avec r = ⅞ du pas les arcs *m*K*a*, *n*K*b* sur lesquels on porte *m*K*a*=*n*K*b* = ½ pas : on détermine ainsi les points K*a* et K*b*. Tracer la droite K*a*K*b* qui passe par I, et élever en I la perpendiculaire *xy* à cette droite. Joindre le centre O*a* à K*a* et à K*b* : ces droites coupent *xy* en C et C' ; porter sur le cercle primitif de la roue A, à partir de I et de part et d'autre : I*p* = I*q* = ½ pas. Le profil des dents de A sera obtenu : pour les faces, par l'arc de cercle de rayon C*q* (au-dessus du primitif), lieu des centres C : cercle O*a*C ; pour les flancs, par l'arc de cercle de rayon C*q* (au-dessus du primitif), lieu des centres C' : cercle O*u*C'. Limiter les profils aux cercles d'échanfrinement et d'évidement, et raccorder les flancs au fond des creux par un congé $ra = ss'/6$.

Pour le tracé des dents de B, joindre le centre O*b* à K*a* et à K*b* : ces droites coupent *xy* en D et D'. Le profil de la dent s'obtient : pour les faces, par l'arc de cercle de rayon D*f* (au-dessus du primitif), lieu des centres D : cercle O*b*D ; pour les flancs, par l'arc de cercle de rayon D'*g* (au-dessous du primitif), lieu des centres D' : cercle O*b*D' (I*f* = I*g* = ½ pas). Terminer le tracé comme pour la roue A ($rb = tt'/6$).

Sur la fig. 227, les constructions pour A sont en trait continu, celles de B en pointillé.

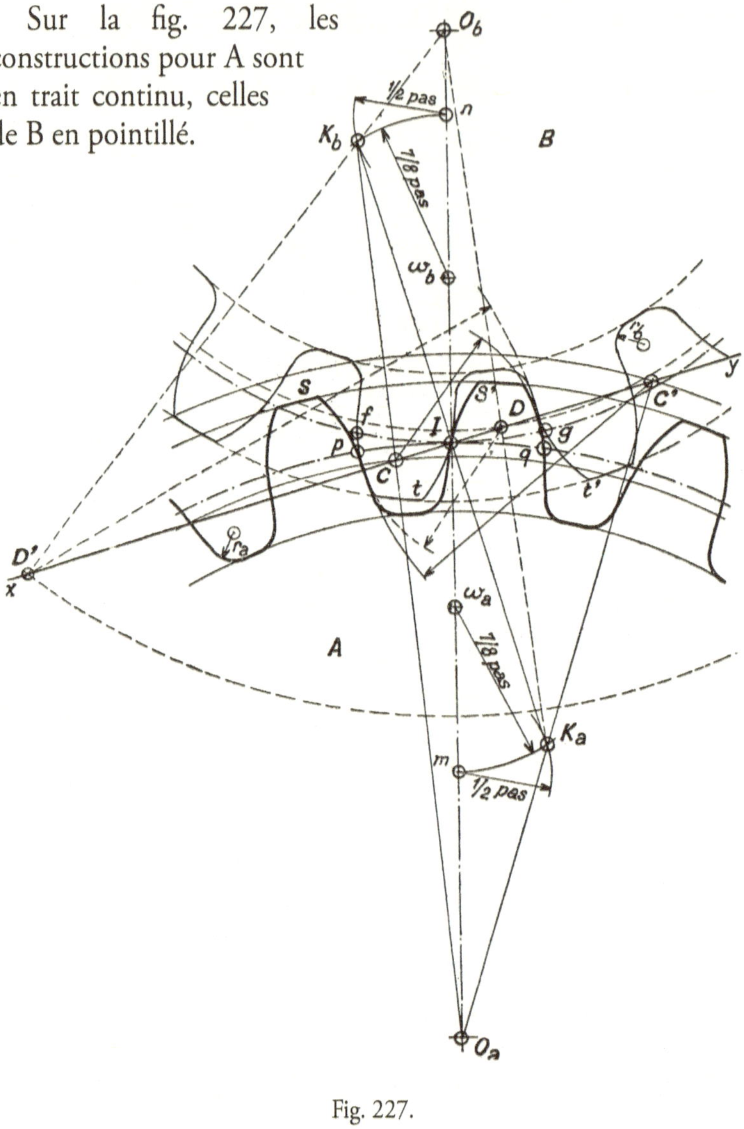

Fig. 227.

B. Exécution des dentures.

1° Proportions.

Jusqu'ici, la quantité qui a servi à définir une denture était le pas, dont l'emploi entraîne une grande complication, à cause de la présence du facteur π dans les calculs. En effet, si D est le diamètre primitif, n le nombre de dents d'une roue et p le pas de la denture, on a : $\pi \times Dp = n \times p$.

Par suite, si on donne à p une valeur entière (ou fractionnaire simple), le diamètre sera mesuré par un nombre incommensurable $Dp = (n \times p)/\pi$; et si, au contraire on prend Dp entier (ou fractionnaire simple), c'est le pas qui sera incommensurable $p = (\pi \times Dp)/n$.

D'autre part, le choix des valeurs de p était illimité, ce qui rendait impossible toute interchangeabilité, et conduisait à un outillage considérable. On a donc, depuis très longtemps, abandonné la notation en fonction du pas et adopté une notation plus simple dite au module, consacrée aujourd'hui par la normalisation (norme CNM 151).

Notation au module.

On appelle module le rapport $M = p/\pi$ du pas de la denture au nombre π. Il en résulte la relation : $Dp = M \times n$, qu'on peut aussi écrire $M=Dp/n$, ce qui fait désigner aussi le module par l'expression *pas diamétral* (qui est à éviter).

Le module étant un rapport, on peut lui affecter une série de valeurs simples, entières ou fractionnaires décimales, qui répondront à tous les besoins. Il s'ensuit que les diamètres primitifs seront toujours mesurés par des nombres entiers, ou fractionnaires simples. De la sorte, l'interchangeabilité est assurée, et on réduit notablement l'outillage nécessaire à la taille.

Enfin, les dimensions des dents seront également données en fonction du module. La série des modules normaux est la suivante : (CNM 151)

TABLEAU XVI.- MODULES NORMAUX

0,50	1,75	3	4,25	5,50	8	11	16
0,75	2	3,25	4,50	6	8,50	12	18
1	2,25	3,50	4,75	6,50	9	13	20
1,25	2,50	3,75	5	7	9,50	14	
1,50	2,75	4	5,25	7,50	10	15	

et les dimensions des dents { saillie S (en mm) : 1 module
creux t (en mm) : 1,15 module (fig. 228).

Le jeu de 0,15 M au fond des dents est prévu pour éviter tout contact entre le sommet des dents et le fond des creux conjugués, dans le cas de roues taillées. Pour les dentures brutes, il y a lieu d'augmenter ce jeu dans la mesure nécessaire.

La norme CNM 151 prévoit aussi la fabrication d'une denture courte, dont les dimensions sont : s = 0,75 M et t = 0,95 M (en mm), (fig. 229).

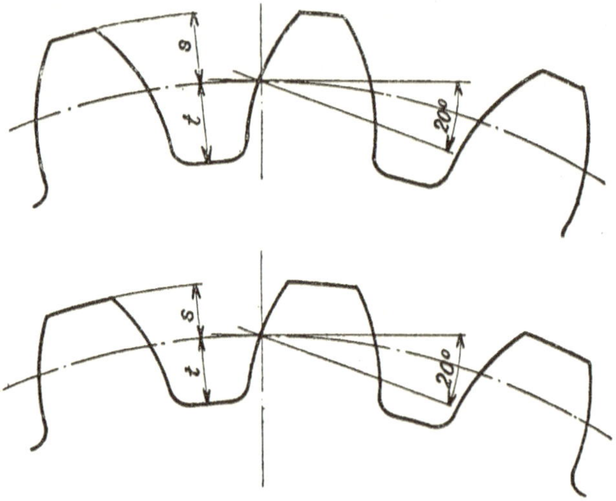

Fig. 229.

Enfin, le profil en développante est seul normalisé, avec un angle de pression de 20°, soit θ = 70°. Ce qui permet d'adopter pour étalon de la denture, la crémaillère correspondante dont l'*odontoïde est rectiligne*, présentant un avantage considérable dans la fabrication.

Remarques. — 1° L'emploi du module n'évite pas complètement la notion de pas, car l'épaisseur de la dent est égale au demi-pas, soit 1,57 M (denture taillée). Mais comme la division des roues est faite mécaniquement, et la vérification à l'aide d'instruments spéciaux, on n'a pas à se préoccuper de la valeur du pas. Il sera toujours facile d'ailleurs d'y revenir au besoin, puisque p = M x π

2° Il faut retenir que les considérations précédentes qui ont trait aux *engrenages cylindriques à denture droite* s'appliquent intégralement à tous les types de roues et de dentures, comme on le verra par la suite.

2° Séries de fraises pour la taille des dents.

L'adoption d'une série de modules normaux implique, pour chaque module, un profil différent pour chaque nombre de dents, ce qui nécessite également une fraise pour chacun. Mais si l'on remarque l'écart peu prononcé qui existe entre les profils pour deux nombres de dents assez voisins, on conçoit qu'une même fraise puisse servir à tailler des roues de nombres de dents compris entre des limites convenables. Le nombre de fraises nécessaires, pour chaque module, est ainsi considérablement réduit, et cet avantage est encore plus sensible pour les dentures en développante.

Les constructeurs ont ainsi établi les séries de fraises suffisantes : une série de huit fraises par module, à profil en développante, pour les travaux courants, une série de 15 fraises, en développante, pour les travaux plus précis, enfin, une série de 24 fraises, pour les profils épicycloïdaux.

Chaque fraise est désignée par un numéro (ou une lettre) et correspond aux nombres de dents compris entre les limites indiquées par les tableaux suivants, son profil étant tracé pour le plus petit nombre de l'intervalle.

Bien que la dernière fraise de chaque jeu puisse servir à tailler la crémaillère correspondante, on préfère, en général, employer une fraise spéciale pour celle-ci.

TABLEAU XVII. — SÉRIE DE 8 FRAISES (*développantes*)

NUMÉROS	1	2	3	4	5	6	7	8
Nombres de dents	12 13	14 à 16	17 à 20	21 à 25	26 à 34	35 à 54	55 à 134	135 à crémaillère

TABLEAU XVIII. — SÉRIE DE 15 FRAISES (*développantes*)

NUMÉROS	1	1 1/2	2	2 1/2	3	3 1/2	4	4 1/2	5	5 1/2	6	6 1/2	7	7 1/2	8
Nombres de dents	12	13	14	15 16	17 18	19 20	21 22	23 à 25	26 à 29	30 à 34	35 à 41	42 à 54	55 à 79	80 à 134	135 à crémaillère

Tableau XIX. — Série de 24 fraises (*épicycloïdes*)

Repères	A	B	C	D	E	F	G	H	I	J	K	L	M	N	O	P	Q	R	S	T	U	V	W	X
Nombres de dents	12	13	14	15	16	17	18	19	20	21 22	23 24	25 26	27 à 29	30 à 33	34 à 37	38 à 42	43 à 49	50 à 59	60 à 74	75 à 99	100 à 149	150 à 249	250 à crémaillère	crémaillère

3°. Matières employées à la fabrication des roues dentées.

Suivant leur destination et leur mode de fabrication, on construit les engrenages en fonte, dure ou douce, en bronze, ordinaire ou spécial, en acier moulé, en aluminium, en acier doux, dur ou spécial, en acier forgé, en laiton, en bois, en fibre, en cuir comprimé, en papier, ou carton comprimé, etc.

On étudiera par la suite les conditions d'emploi de ces différentes matières.

Classification des engrenages suivant leur forme géométrique.

Suivant la position relative de leurs axes et la forme de leur denture, on distingue :

a) si les axes sont parallèles :

les engrenages cylindriques { à denture droite, à denture hélicoïdale ;

b) si les axes se coupent :

les engrenages coniques { à denture droite ; denture hélicoïdale ;

c) si les axes ne sont pas dans un même plan : les engrenages hélicoïdaux et les roues à vis sans fin.

Indépendamment de la denture, la constitution des roues varie avec leurs dimensions, la matière employée et la forme géométrique.

C. — Engrenages cylindriques à denture droite.

En principe, une roue dentée est constituée par une jante qui porte la denture, un moyeu servant à la fixation sur l'arbre et une liaison entre la jante et le moyeu. Pour de petits diamètres, cette liaison n'est pas distincte, la jante et le moyeu formant un seul bloc : ces organes sont plus spécialement appelés pignons.

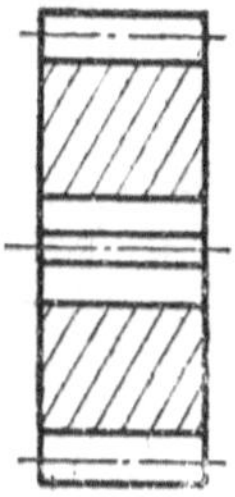

Fig. 230.

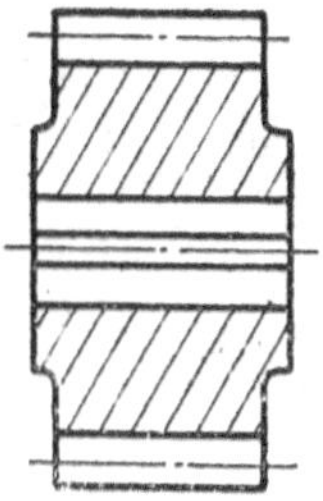

Fig. 231.

Ils se font en forme de disques (fig. 230) ou avec moyeu légèrement saillant (fig. 231) suivant leur situation relative aux organes voisins.

Dès que la dimension le permet, la jante est distincte du moyeu, leur liaison pouvant se faire par toile pleine (fig. 232) ou évidée par des trous circulaires (fig. 233 *a*) ou allongés (fig. 233 b).

À partir d'un certain diamètre, la toile est remplacée par des bras, en nombre variable suivant la dimension : 4,6 ou 8.

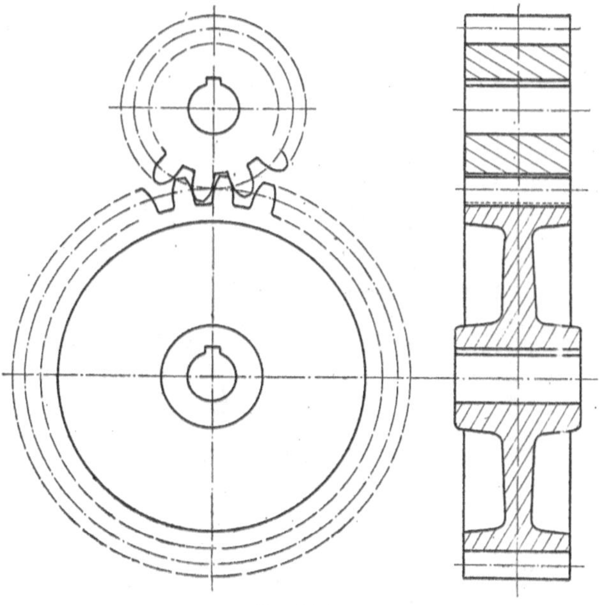

Fig. 232.

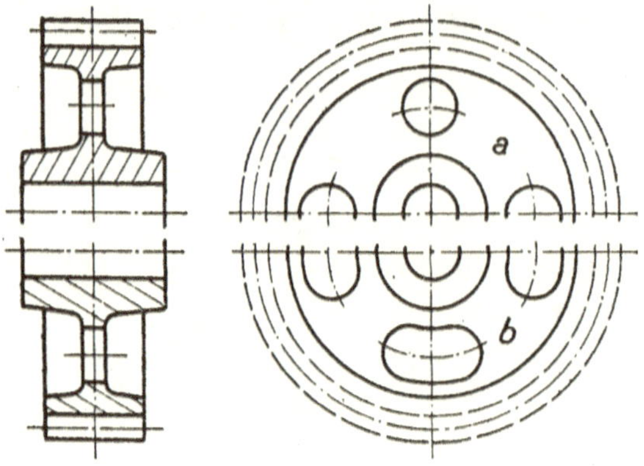

Fig. 233.

La section des bras peut être nervurée, généralement en croix (fig. 234), ou ovale (fig. 235). Dans les deux cas, on renforce la jante et le moyeu et on facilite le raccordement des bras par une nervure médiane à section rectangulaire ou par un boudin demi-circulaire.

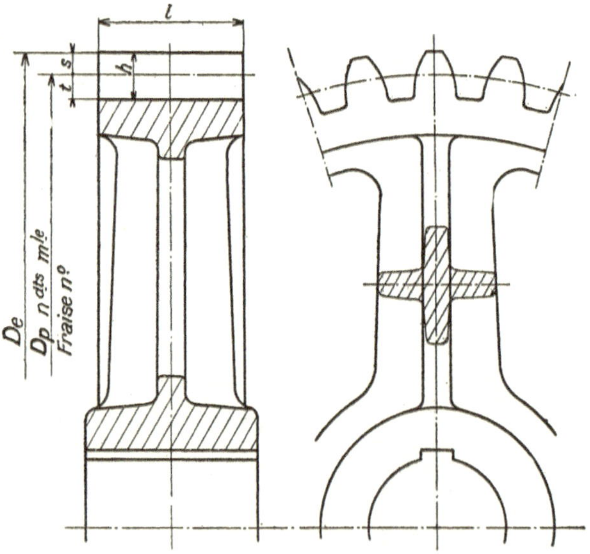

Fig. 234.

Ces formes ne peuvent être obtenues que par moulage.

Le dispositif pignon et crémaillère (fig. 236) ne présente rien de spécial au point de vue de sa fabrication.

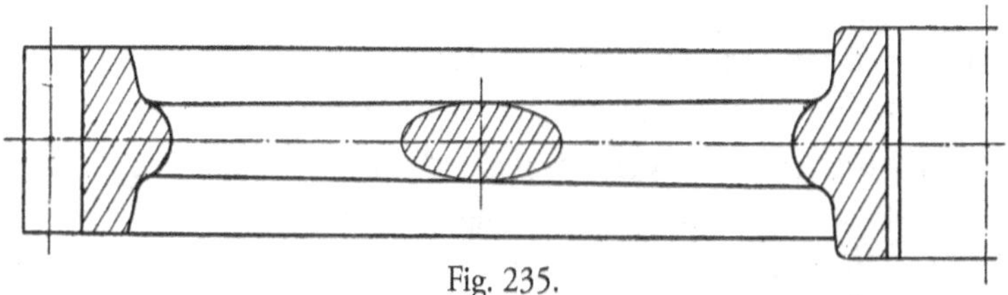

Fig. 235.

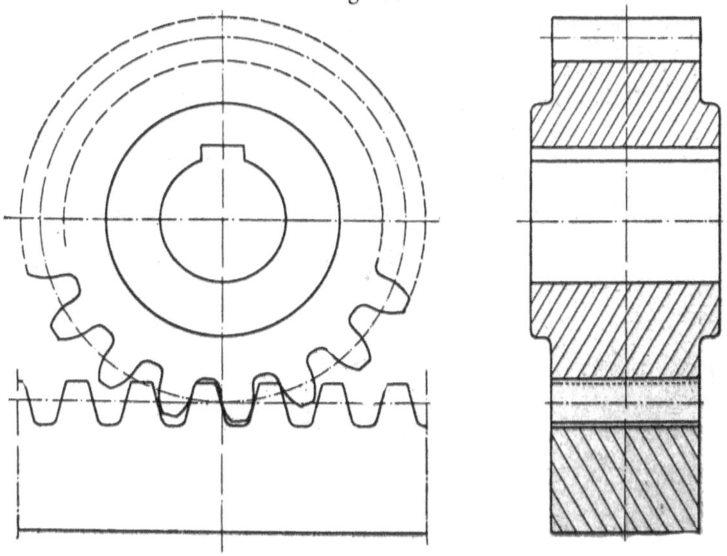

Fig. 236.

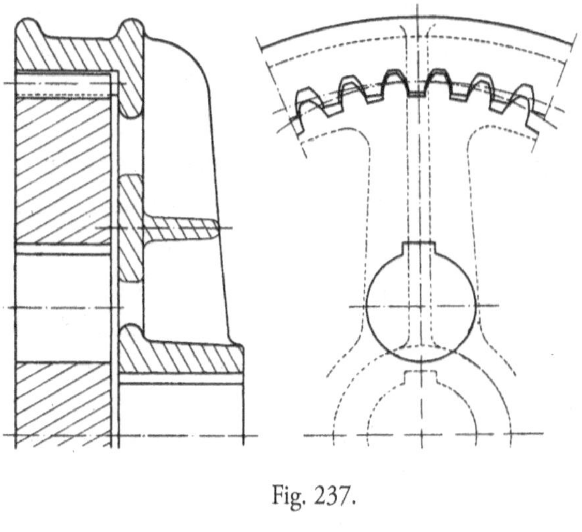

Fig. 237.

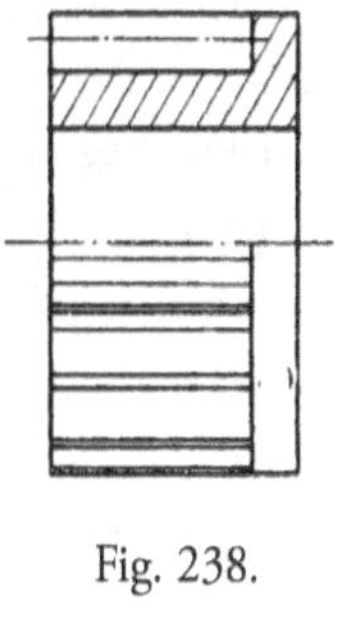

Fig. 238.

Dans le cas d'une roue à denture intérieure (fig. 237), la jante est renforcée extérieurement par des nervures et reliée au moyeu par des bris généralement à section en té, déportés ainsi que le moyeu pour permettre le passage du pignon conjugué. Étant données les difficultés de montage, on réalise plus souvent le but cherché (même sens de rotation des deux arbres) en utilisant des roues à dentures extérieures par interposition d'un pignon intermédiaire.

Pour des pignons qui doivent présenter une très grande résistance, on réunit les dents à une extrémité par une joue de même hauteur que la dent (fig. 238) ou aux deux extrémités par des joues de hauteur ne dépassant pas le cercle primitif (fig. 239).

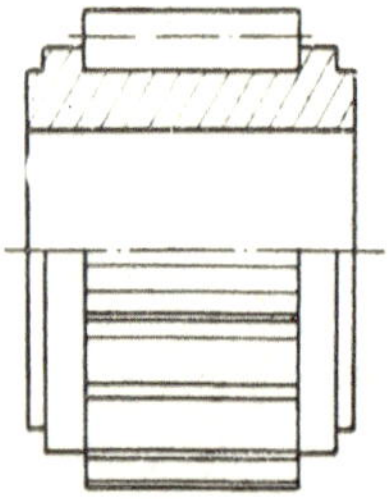

Fig. 239.

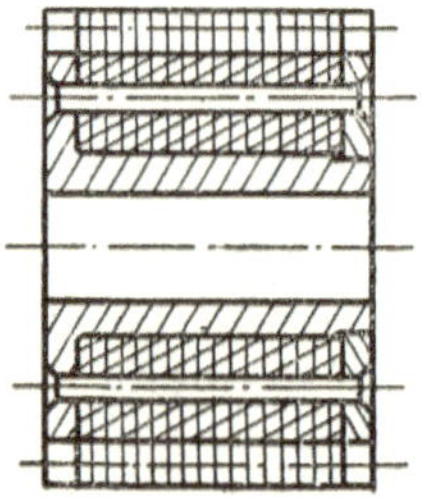

Fig. 240.

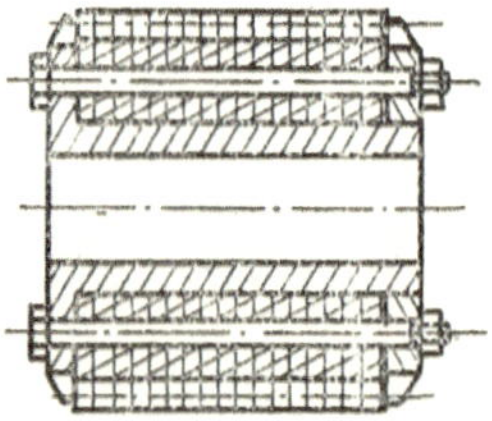

Fig. 241.

Les pignons en cuir ou en fibre sont constitués par des rondelles empilées sur un moyeu en acier et serrées par des flasques réunis par rivets (fig. 240) ou par boulons (fig. 241). L'un des flasques fait corps avec le moyeu et ils sont taillés en même temps que la denture s'ils doivent participer à l'engrènement ou, dans le cas contraire, ils sont légèrement en retrait.

On peut aussi prévoir des flasques ne recouvrant pas la denture, ou des flasques recouvrant la denture, mais non taillés.

Dentures en bois.

Elles sont généralement rapportées sur des roues en fonte de grandes dimensions : les dents rapportées, appelées *alluchons*, se font en charme, ou mieux en cormier, ou encore en chêne vert (milieux humides).

La jante de ces roues est percée de lumières rectangulaires en tronc de pyramide ; les alluchons sont prolongés par un tenon qui traverse la jante en forçant dans les lumières, et maintenus en place par une goupille cylindrique forcée suivant le grand axe (fig. 242), ou encore par des coins en bois à section trapézoïdale (fig. 243) prenant appui sur deux tenons consécutifs taillés en queue d'hironde.

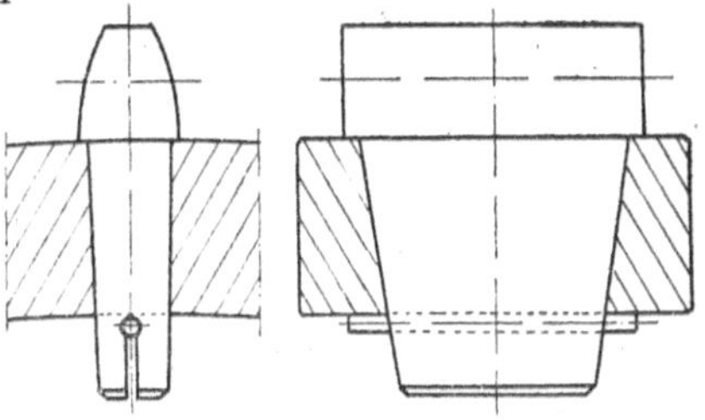

Fig. 242.

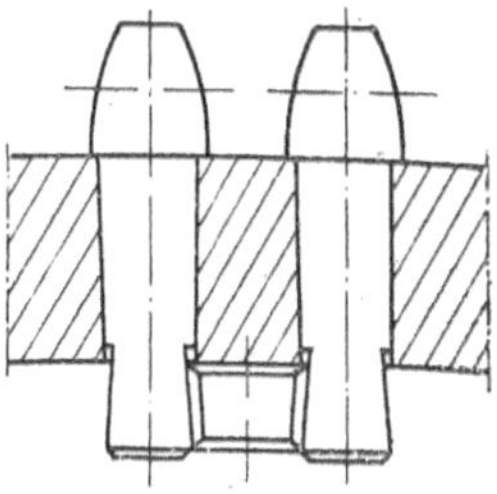

Fig. 243.

Dans le tracé de la jante, il faut étudier soigneusement la position des lumières dans la région des attaches des bras, pour ne pas gêner la fixation des dents, sans diminuer la résistance de ces attaches.

Dans tous les cas, les dents sont taillées après leur mise en place définitive ; on doit donc réserver assez de bois, lors du débit des alluchons pour éviter les flaches après la taille.

Lorsque la longueur des dents devient assez grande, il est préférable d'établir les alluchons en deux pièces : la jante, percée de deux séries de lumières, est ainsi plus résistante.

D. — Engrenages coniques à denture droite.

Ils servent à transmettre le mouvement entre deux axes concourants. Comme, dans la pratique, ces axes se coupent à angle droit dans la généralité des cas, l'étude sera faite seulement dans cette hypothèse, *mais elle est applicable intégralement lorsque l'angle des axes est différent de 90°.*

Rappel de l'étude cinématique.

L'engrènement de deux roues coniques est rapporté au roulement de deux cônes primitifs ayant pour sommet commun le point d'intersection des axes. Leur théorie cinématique est entièrement analogue à celle des engrenages cylindriques ; on prend pour base du calcul et du tracé le diamètre de la grande base des cônes, appelé aussi diamètre primitif (fig. 244). On a donc entre les nombres de tours/minute N et N_1, les diamètres primitifs D_p et d_p et les nombres de dents n et n_1 les relations :

$$N/N_1 = d_p/D_p = n_1/n$$

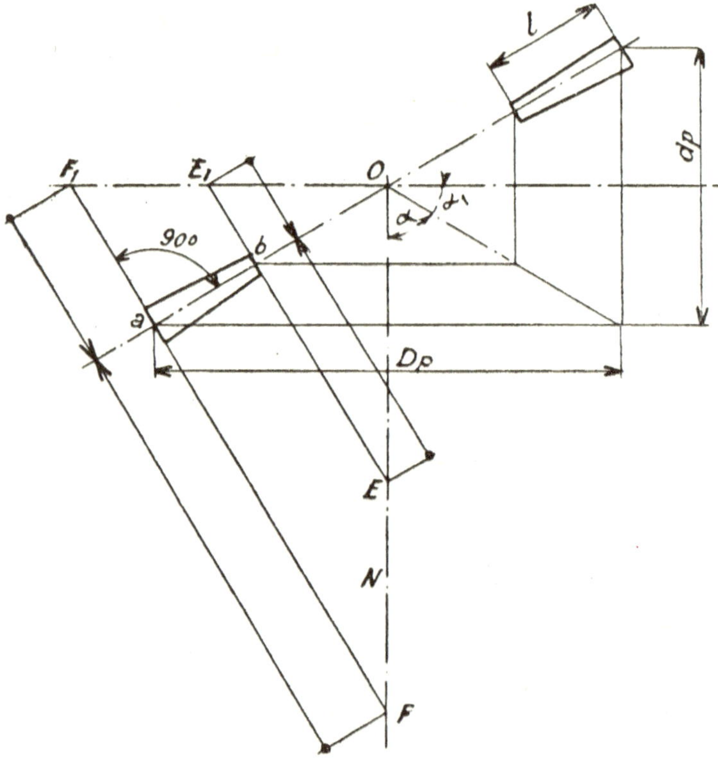

Fig. 244.

Les dents sont limitées par des surfaces coniques ; leur section diminue donc en allant vers le sommet, leur profil peut être en épicycloïde ou en développante ; la comparaison des deux tracés est analogue à celle faite pour les engrenages cylindriques et les conclusions identiques. La longueur de la dent est déterminée par deux cônes complémentaires des cônes primitifs, dits cônes de tête intérieur et extérieur ; leurs génératrices s'obtiennent en menant les perpendiculaires à la génératrice du cône primitif aux deux extrémités *a* et *b* de la dent, leurs sommets étant sur les axes respectifs en F, F_1 pour les cônes de tête extérieurs, en E, E_1 pour les cônes de tête intérieurs.

Les caractéristiques des dentures coniques sont établies, par convention, à partir des dimensions du gros bout de la dent, ce qui donne, avec la notation en fonction du module d_p = M x n_1 et D_p = M x *n* ;

saillie (au-dessus du primitif) : *s* = 1 x M (en mm) ;
creux (au-dessous du primitif : *t* = 1,15 x M (en mm).

Tracé des profils des dents. - Il se ramène à celui des profils de roues cylindriques en développant sur le plan de la figure les surfaces des roues de tête (fig. 244) en prenant pour rayons F*a* et F_1a, puis E*b* et E_1b.

La fig. 245 montre une application du tracé des développantes. On trace d'abord les axes des roues conjuguées (ici à 90°) en O*x* et O*y* ; on porte sur les axes O*m* = d*p*/2 et O*n* = D*p*/2. Mener *m*I et *n*I perpendiculaires à O*x* et O*y* ; porter la longueur de la dent en I*a*, et élever en I et *a* les perpendiculaires à OI soit FF_1 en I et EE_1 en *a*. Limiter les saillies et les creux, en portant sur FF_1 à partir de I les quantités convenables *s*, *t* et s_1, t_1 et joindre les points obtenus au sommet O. La suite du tracé s'opère comme pour la denture cylindrique à partir de FF comme ligne des centres, rayons primitifs FI et F_1I, I point de contact des cercles primitifs, pour le gros bout, et sur EE_1 pour le petit bout.

Remarques importantes.

1. Il résulte du tracé qu'un engrenage conique ne peut être utilisé qu'avec la roue conjuguée pour laquelle elle a été tracée, et non pas indifféremment avec n'importe quelle roue de même module. Il n'est donc pas possible de constituer de série de roues d'assortiment coniques.

2. Le tracé indiqué pour la denture, dit *tracé de Tredgold*, n'est qu'un tracé approché, et l'erreur commise croît lorsqu'on s'éloigne du primitif vers le sommet ; aussi on ne peut avoir plus de deux dents en prise, mais le roulement s'améliore à

l'usage, le frottement tendant à rendre les profils conjugués. Il est cependant indispensable de monter les roues de manière que le sommet des cônes primitifs coïncide rigoureusement avec le point d'intersection des axes.

3. La taille des dentures coniques peut s'opérer à l'aide de fraises modules, mais ce sont des fraises construites spécialement, la variation de largeur du creux entre deux dents imposant la taille de ses deux faces successivement ; la fraise doit donc être assez mince pour passer au petit bout, c'est pourquoi il est nécessaire d'effectuer le tracé sur les cônes de tête intérieurs. De plus, la fraise doit correspondre à un nombre de dents fictif :

$$n_f = n/\cos \alpha' \; (\alpha = \tfrac{1}{2} \text{ angle au sommet}).$$

On réalise la taille d'une autre manière, par rabotage, notamment sur certaines machines, en remarquant que toutes les roues du même module peuvent engrener avec la roue dont le demi-angle au sommet du cône primitif est égal à 90° (fig. 246) : dans cette roue, dite plane, le tracé de la denture correspond, en effet, à celui de la crémaillère du module considéré.

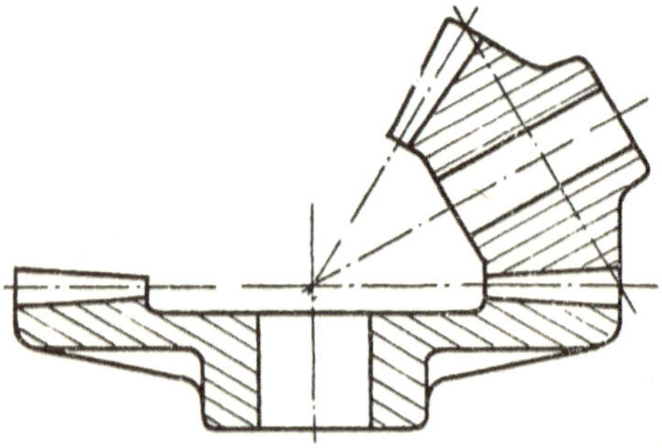

Fig. 246.

Constitution des engrenages coniques.

Elle est analogue à celle des roues cylindriques : une jante conique portant la denture, reliée à un moyeu.

Pour les petites dimensions, le pignon est pris dans un bloc plein (fig. 247). La roue de ce couple est forgée avec une toile du moyeu à la jante.

Le couple (fig. 248) est coulé, la jante de la roue étant reliée au moyeu et à la toile par des nervures.

Pour les grandes dimensions, le moyeu est réuni à la jante par des bras nervurés, en croix (fig. 249, roue à moyeu médian), ou en té (fig. 250, roue à moyeu déporté).

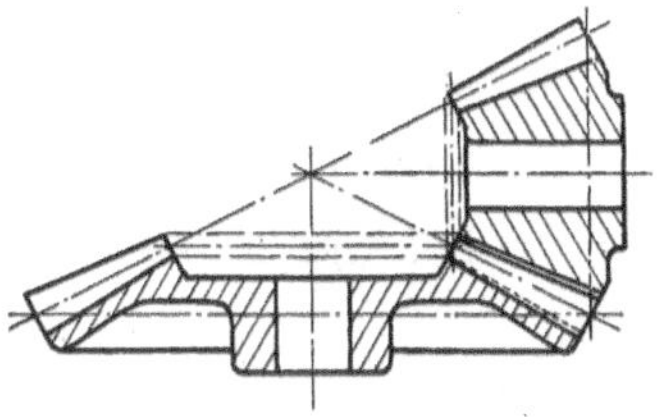

Fig. 247.

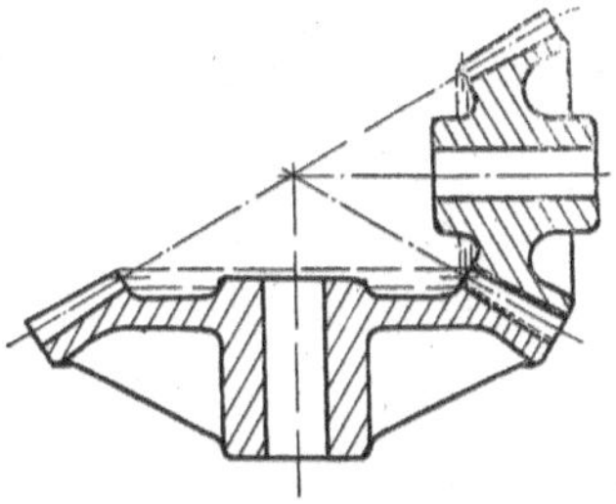

Fig. 248.

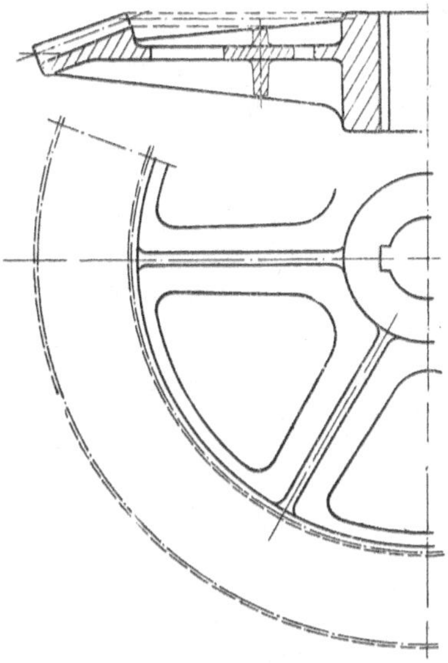

Fig. 249.

On n'emploie pas les bras à section ovale qui se prête mal au raccordement avec la jante conique.

Les pignons coniques en cuir, en fibre, ou en papier sont construits d'une manière analogue aux pignons cylindriques (fig. 251).

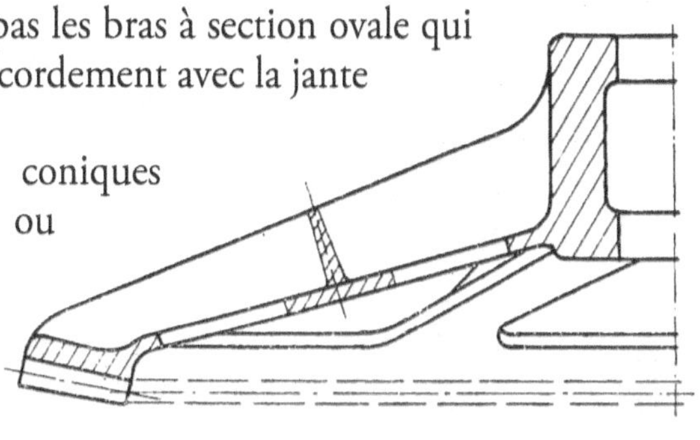

Fig. 250.

Enfin, les dispositions précédemment indiquées pour les dentures en bois rapportées, sous forme d'alluchons s'appliquent également aux roues coniques (fig. 252).

Fig. 251.

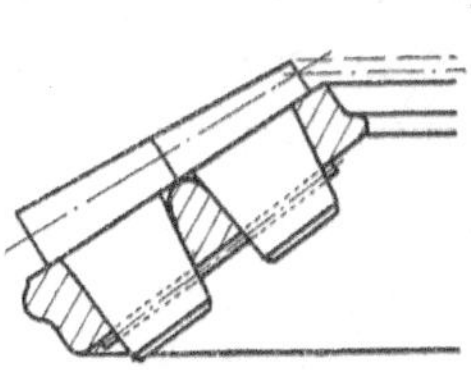

Fig. 252.

Particularités de construction des roues de grandes dimensions. À partir d'un certain diamètre (1,50 m environ), il est préférable de construire les roues en plusieurs pièces : pour éviter les déformations et les tensions intérieures à la coulée, pour faciliter la manutention et le montage. Les joints des différentes parties doivent toujours passer au milieu d'un creux.

La fabrication de ces roues peut s'effectuer soit par coulée en une pièce, en réservant des parties faibles dans les joints et en séparant par rupture après l'usinage complet de la roue, soit en coulant les différentes parties séparément et en les assemblant par ajustage avant l'usinage.

Le deuxième procédé, plus coûteux, est plus recommandable, mais il est prudent de prévoir des goujons de repérage dans l'axe des joints.

Pour les roues en deux pièces, le joint a lieu dans l'axe d'une paire de bras diamétralement opposés, de forme convenable, l'assemblage ayant lieu par boulons placés aussi près que possible de la roue et du moyeu (fig. 253 et 254).

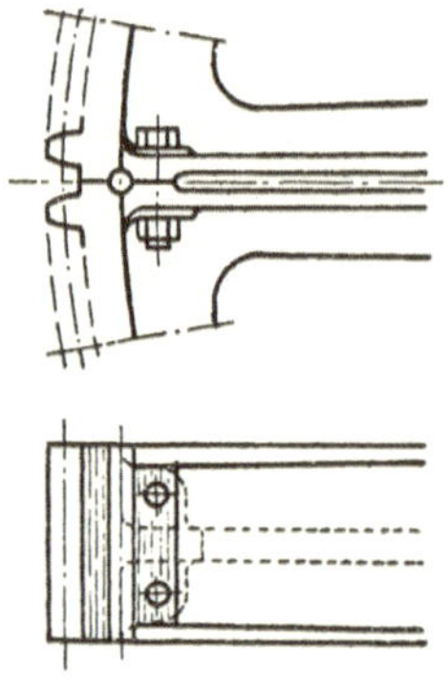

Fig. 253.

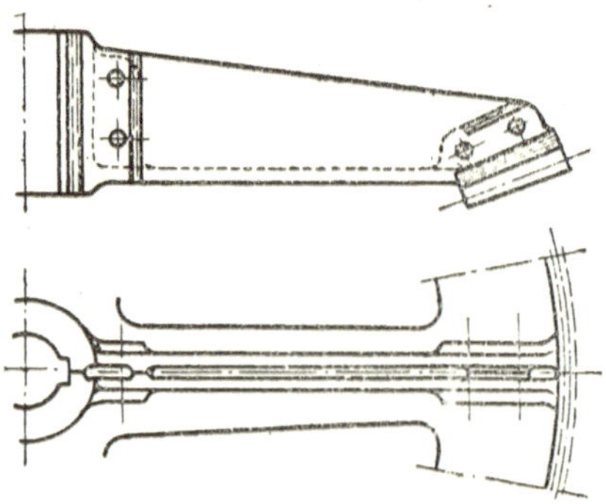

Fig. 254.

Pour les très grandes dimensions, les roues peuvent être construites en quatre parties ; on a soin alors de fretter le moyeu.

Ou bien on coule la jante seule, en plusieurs pièces, et le moyeu avec les bras. Dans la disposition de la figure 255, les bras, à section en croix, sont réunis à la jante par queues d'hironde et coins. Dans la figure 256, les bras à section en double té, reçoivent la jante par ajustages de patins et boulons déchargés par une clavette évitant leur cisaillement et assurant le centrage.

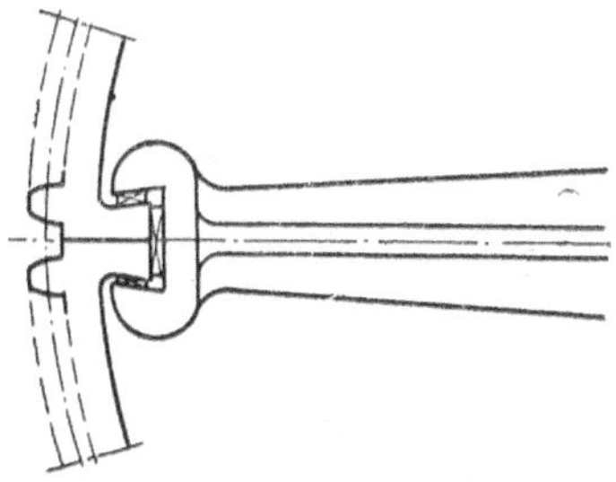

Fig. 255.

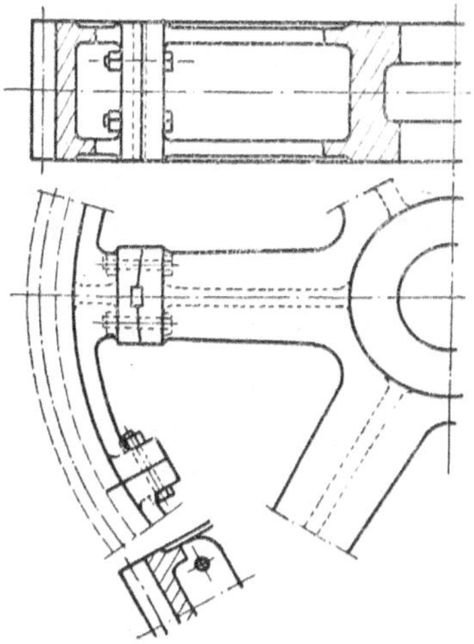

Fig. 256.

Enfin, la figure 257 montre la disposition de l'assemblage des parties d'une roue à alluchons en plusieurs pièces, avec goujons de repérage dans le plan de joint et fixation des dents par coins. Les trous *t* sont prévus pour permettre de chasser les coins pour démonter les alluchons.

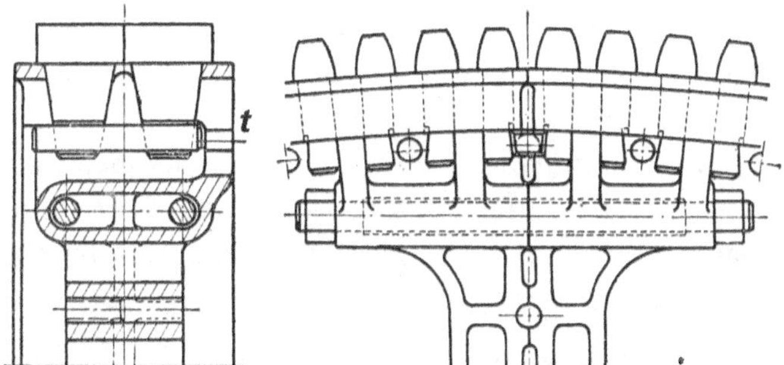

Fig. 257.

E. — Engrenages à denture hélicoïdale.

Si l'on se reporte à la figure 226, en supposant la denture des roues droite, c'est-à-dire à génératrices parallèles aux axes, on constate que l'engrènement d'une dent de A (menante) avec sa conjuguée sur B (menée) commence en *t* et finit en *t'*, points où les cercles d'échanfrinement coupent la droite *xy*. La longueur de l'arc de conduite dépend donc des rayons d'échanfrinement, ou encore de la saillie de la dent au-dessus du primitif.

On a dit que pour que le mouvement soit transmis régulièrement, il faut que l'arc de conduite soit au moins égal au pas mais, on peut le constater sur la figure, on n'a pas *constamment deux dents en prise*, en général, l'arc de conduite n'étant pas assez long avec la saillie égale à 1 module.

Il en résulte que la pression entre les dents est variable, puisque l'effort transmis est tantôt supporté par une seule dent, tantôt partagé entre deux dents.

D'autre part, pendant toute la durée du contact de deux profils conjugués, il y a glissement entre les surfaces des dents, la génératrice de contact se déplaçant sur toute la hauteur de la dent (depuis *t* jusqu'à *t'*). Le frottement, variable avec la pression, sera donc d'autant plus important que la dent sera plus haute et que l'engrènement aura lieu pendant plus longtemps.

Il résulte de ces considérations une usure assez rapide et un jeu dans la denture, générateur de chocs et de vibrations. Le fonctionnement devient rapidement bruyant et les vibrations se propagent aux organes conduits, ce qui peut être très gênant, notamment dans les machines-outils, où elles provoquent le broutage de l'outil.

On diminue sensiblement le glissement et les inconvénients précités avec des dentures *échelonnées* (dites de Hooke), obtenues de la manière suivante : on coupe la roue en un certain nombre de disques, trois par exemple (fig. 258), d'épaisseurs égales, et on décale les trois dentures obtenues de un tiers du pas.

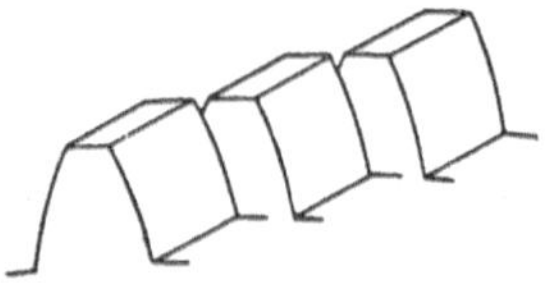

Fig. 258.

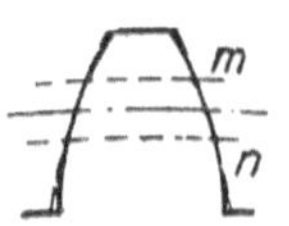

Fig. 259.

De plus, on ne conserve du profil théorique que la partie *mn* (fig. 259) comprise entre les cercles d'échanfrinement et d'évidement correspondant à un arc de conduite égal au tiers du pas, le reste du profil étant intérieur au profil théorique. Cette construction revient à diminuer la hauteur de la dent et la durée de la conduite, donc les frottements, tout en assurant un mouvement continu, chaque tiers de dent venant engrener à son tour. Le roulement obtenu est beaucoup plus doux et l'usure moins rapide, mais la difficulté réside dans la précision du décalage des dents.

Si on suppose que le nombre d'échelons de la dent augmente indéfiniment, les disques devenant infiniment minces et le décalage infiniment petit, on obtient la denture *hélicoïdale* (fig. 260) pour laquelle le glissement devient nul, à condition de ne conserver du profil théorique que le point situé sur le primitif, tout le reste du profil étant intérieur au profil théorique (fig. 261).

Fig. 260.

Fig. 261.

Il faudra, bien entendu, donner à la dent une longueur telle que le contact cessant entre deux dents en prise, l'engrènement ait déjà commencé sur les deux dents suivantes, afin de réaliser la continuité du mouvement.

C'est ce que l'on exprime en disant que le saut de la dent, ou distance entre ses deux extrémités *comptée dans le sens du roulement*, doit être supérieure au pas.

La denture hélicoïdale donne un engrènement continu, doux et silencieux, et des frottements moins élevés que la denture droite. Mais la dent étant inclinée sur l'axe, l'effort transmis donne lieu à une poussée axiale s'exerçant sur les arbres, d'où la nécessité de butées importantes. On neutralise ces poussées par l'emploi de dentures hélicoïdales à sens contraire, taillées sur deux roues différentes montées côte à côte sur le même arbre, ou taillées sur la même roue : ce sont les engrenages à chevrons.

La réalisation de ces dernières donne lieu à une certaine difficulté dans le cas de dentures taillées : on la résout, soit par la taille ordinaire en décalant les deux dentures (fig. 262), c'est la denture *chevauchée* ; soit par taille à l'aide d'une fraise en bout, qui donne une dent ininterrompue (fig. 263), c'est la denture *à chevrons.*

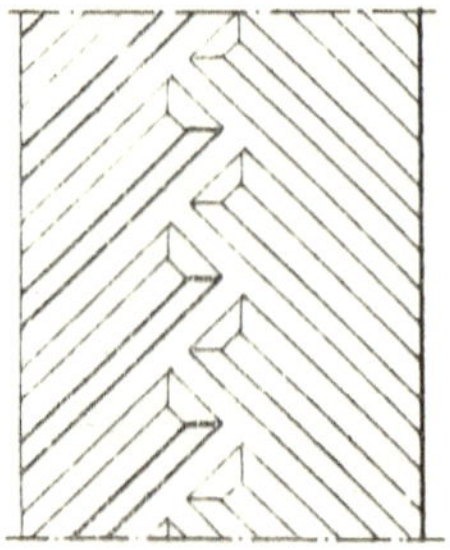

Fig. 262.

Fig. 263.

Dans tous les cas, un graissage constant est indispensable, pour diminuer les frottements, et par suite, en réduisant l'usure, pour augmenter le rendement de la transmission

Constitution et tracé des roues à denture hélicoïdale.

Indépendamment de la denture, ces roues sont constituées comme des roues à denture droite. Elles permettent la transmission du mouvement entre deux arbres parallèles (fig. 264) et entre deux arbres dont les axes ne sont pas situés dans un même plan, qu'ils soient dans des directions rectangulaires (fig. 265) ou quelconques.

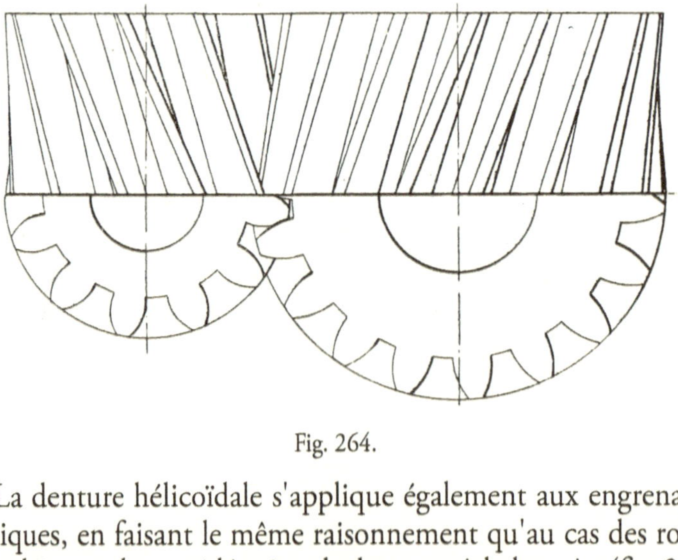

Fig. 264.

La denture hélicoïdale s'applique également aux engrenages coniques, en faisant le même raisonnement qu'au cas des roues cylindriques ; la considération de dentures échelonnées (fig. 266)

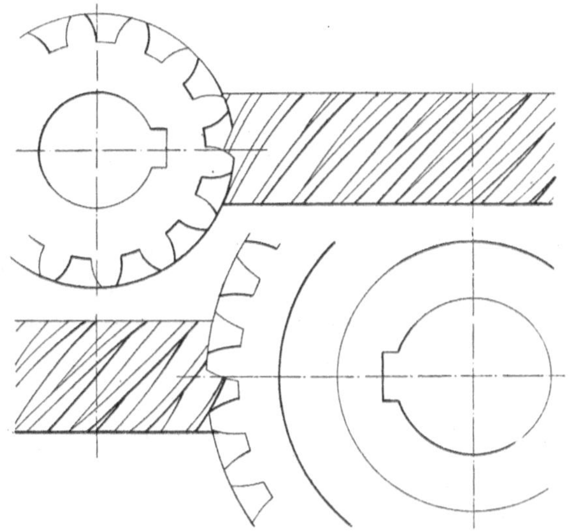

Fig. 265.

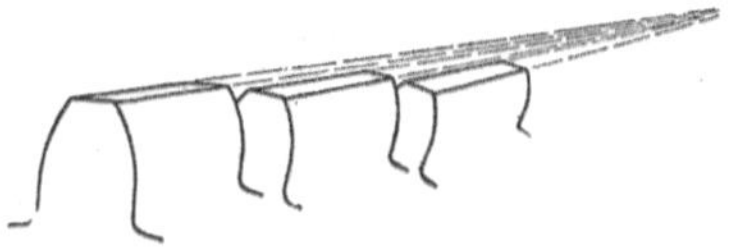

Fig. 266.

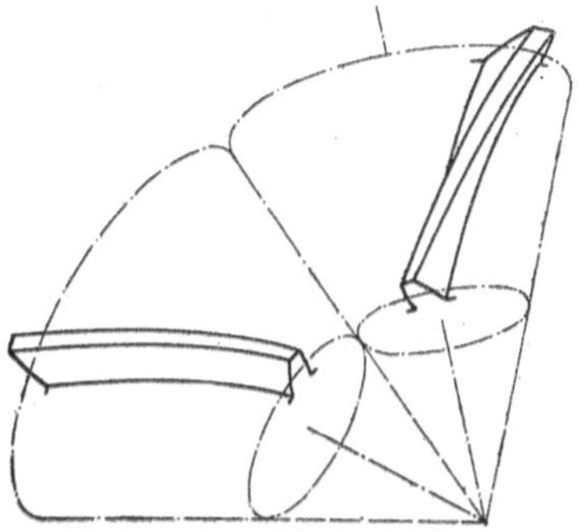

Fig. 267.

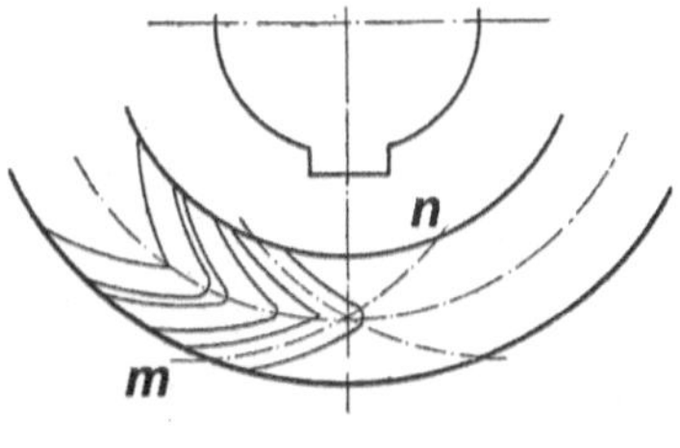

Fig. 268.

conduit de la même manière à la denture hélicoïdale conique (fig. 267) et à la denture en chevrons (fig. 268).

Il faut noter que pour les roues coniques, la directrice du profil qui engendre la dent est une spirale dont la projection sur le plan normal à l'axe de la roue est une *spirale d'Archimède mn* (fig. 268), courbe dont la propriété est la suivante : l'angle de la tangente à la spirale en un point, avec la tangente au cercle qui passe par ce point, varie en raison inverse de la distance du point au sommet. Cette variation continue de l'angle est réalisable et permet la taille de la denture à la machine.

Calcul et tracé.

La dent étant inclinée par rapport aux génératrices du cylindre, on doit effectuer son tracé suivant la section droite, par un plan *mn* (fig. 269) perpendiculaire à sa direction. Il en résulte la distinction entre le pas réel de la denture *pr* et le pas apparent *pa,* le premier mesuré suivant la section droite, le second suivant la circonférence primitive. Il découle de cette nouvelle notion, la même distinction entre le module réel et le module apparent.

Désignons par :

α, l'angle d'inclinaison de la dent par rapport à la génératrice ;

D*p* le diamètre primitif et *n* le nombre de dents de la roue ;

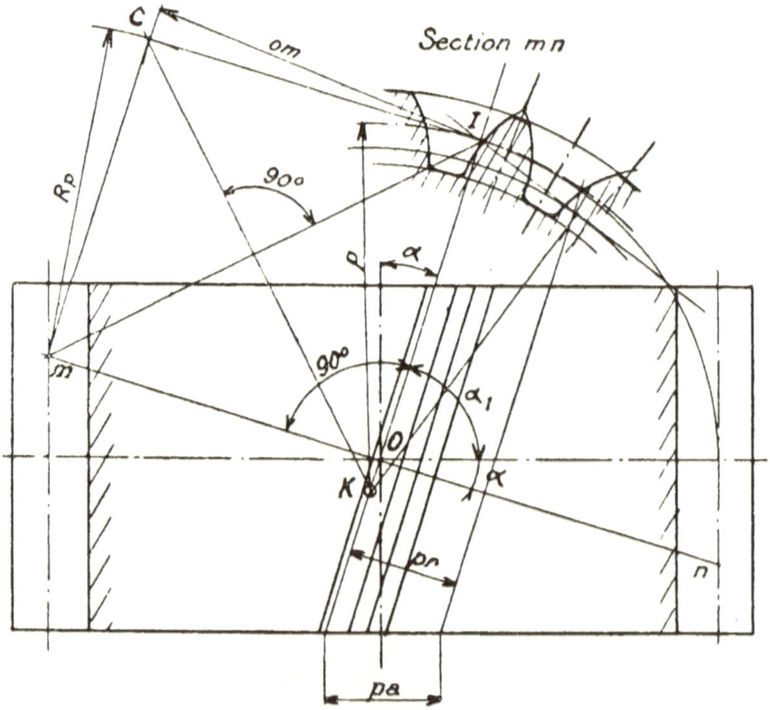

Fig. 269.

p_a le pas apparent et p_r le pas réel ;

M_a le module apparent et M_r le module réel.

On aura : $\pi\ Dp = p_a \times n$, ou $D_p = M_a \times n$ (avec $M_a = Pa/\pi$) et : $p_r = p_a \cos \alpha$ ou $M_r = M_a \cos \alpha$, d'où $Dp = M/\cos \alpha \times n$.

Enfin, on conserve à la denture une saillie, au-dessus du primitif, $s = 1 \times M_r$ (en mm) et un creux, au-dessous du primitif. $t = 1{,}15 \times M_r$.

Pour le tracé, la section du cylindre primitif par le plan *mn*, normal à la dent, est une ellipse dont le grand axe est *mn* et le petit axe D*p*.

On effectue le tracé de la dent en traçant l'ellipse dans le voisinage du sommet I. Pour cela, on calcule le rayon de courbure de cette ellipse en I, soit $\rho = a^2/b$ ($2a$: grand axe de l'ellipse = *mn* ; $2b$: petit axe de l'ellipse = $2Rp$)). En remarquant que : $a = mn/2 = Rp/\cos \alpha$ on a $\rho = Rp / \cos \alpha$ et on remplace l'arc d'ellipse en I par un arc de cercle de rayon ρ. On peut aussi construire ρ : porter OI = R*p* ; tracer le rectangle OIC*m* ; conduire de C la perpendiculaire sur *m*I, elle coupe OI en K, et KI = ρ. Tracer la dent sur ce cercle comme primitif. Pour la taille, on prend la fraise au module réel, mais correspondant au nombre de dents fictif $n_f = n/\cos^3 \alpha$ de la roue de rayon ρ.

Cette fraise est disposée à l'inclinaison α, et on donne à la roue une rotation autour de son axe en même temps qu'une translation par rapport à la fraise, de manière à réaliser la dent hélicoïdale. À cet effet, on doit connaître le pas de l'hélice de la dent, soit $h = \pi Dp \times \operatorname{tg} \alpha_1$, ou en remarquant que $\operatorname{tg} \alpha_1 = 1/ \operatorname{tg} \alpha$, $h = \pi Dp / \operatorname{tg} \alpha$

F. — Roue et vis sans fin.

Outre les roues hélicoïdales on utilise, pour la transmission du mouvement entre deux axes non situés dans un plan, mais qui se croisent à angle droit, le système roue et vis sans fin, qui assure un rapport de vitesse élevé.

Si on considère la figure 270, la section faite par l'axe de la vis montre qu'il y a engrènement, dans ce plan, entre la roue et une

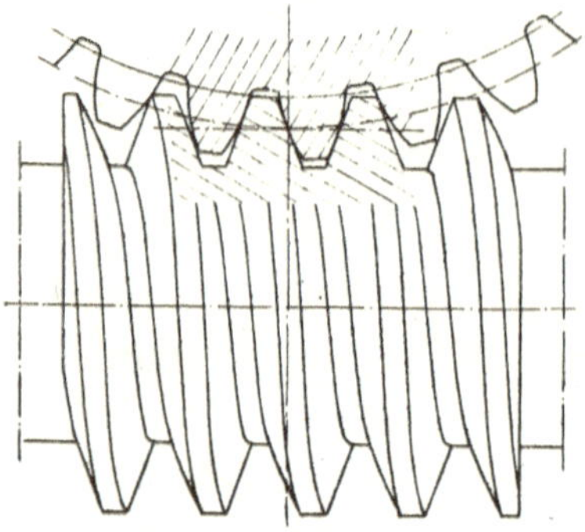

Fig. 270.

crémaillère ; en donnant à cette crémaillère une rotation autour de l'axe de la vis en même temps qu'une translation parallèle à l'axe égale à un pas par tour, on engendre la vis qui engrènera dans toutes les positions avec la section droite de la roue en la faisant avancer d'un pas à chaque tour, la vis étant à un filet. Si la roue a *n* dents, le rapport de vitesses sera donc $1/n$.

On est obligé de donner une certaine longueur aux dents de la roue, dans la pratique, ce qui conduit à incliner la dent suivant la tangente aux filets de la vis.

Mais avec une denture cylindrique, le contact n'aura lieu que dans le plan médian (fig. 271) : l'usure sera très rapide, aussi n'emploie-t-on cette construction que pour de faibles efforts.

Pour des efforts plus élevés, on donne à la dent la forme circulaire, enveloppant la vis sur un quart de sa circonférence (fig. 272) : la roue est dite creuse, et le système à vis tangente. Enfin, pour de grands efforts, on donne à la crémaillère de section droite de la vis une forme qui enveloppe la roue sur un certain arc (fig. 273) ; la vis est dite *globique*, l'engrènement a lieu sur toute la longueur.

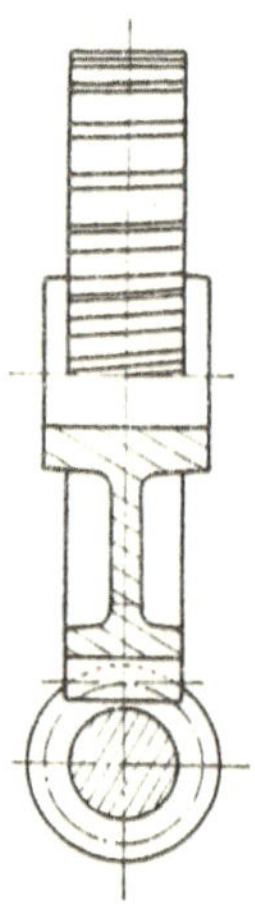

Fig. 271.

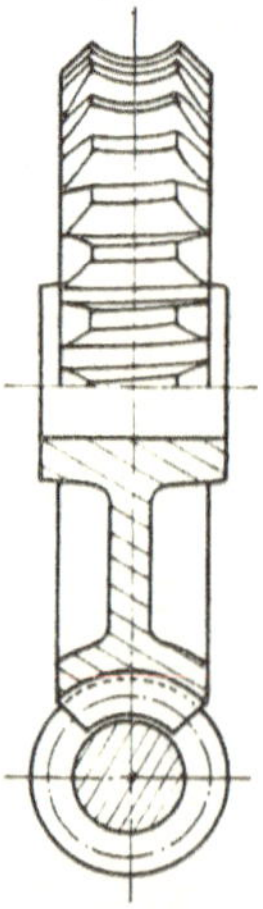

Fig. 272.

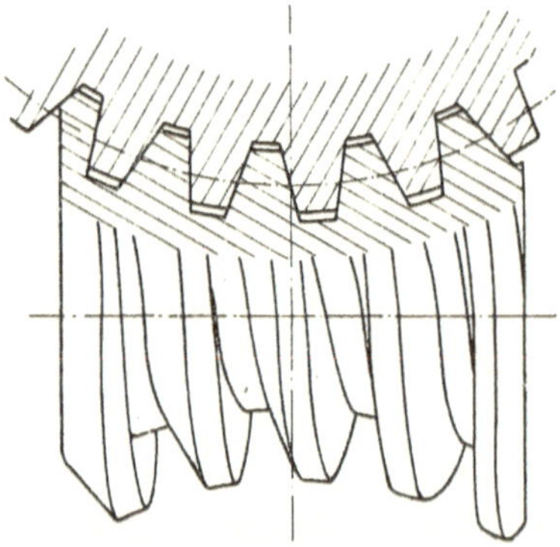

Fig. 273.

L'engrènement roue et vis sans fin donne lieu à des poussées axiales élevées sur l'axe de la vis, assez faibles sur l'axe de la roue, dans les cas ordinaires.

Il se développe, de plus, des frottements importants qui font baisser sensiblement le rendement. Aussi, les dentures doivent être taillées et montées soigneusement, et l'axe de la vis munie de butées soignées, généralement à billes. Enfin, le graissage doit être assuré d'une manière abondante.

Il faut noter que le rendement augmente avec l'inclinaison des filets de la vis, et qu'à partir d'une certaine inclinaison, le système devient réversible ; à cet effet, on construit souvent la vis à plusieurs filets, auquel cas le rapport de vitesses est égal à :

i / n (i = nombre de filets de la vis).

Construction.

En général, on construit la roue en fonte et la vis en acier dur. On améliore le frottement avec une roue en bronze dur, mais alors, il est économique de prévoir la denture de la roue portée par une couronne en bronze rapportée sur un centre en fonte, par l'un des dispositifs (fig. 274 et fig. 275).

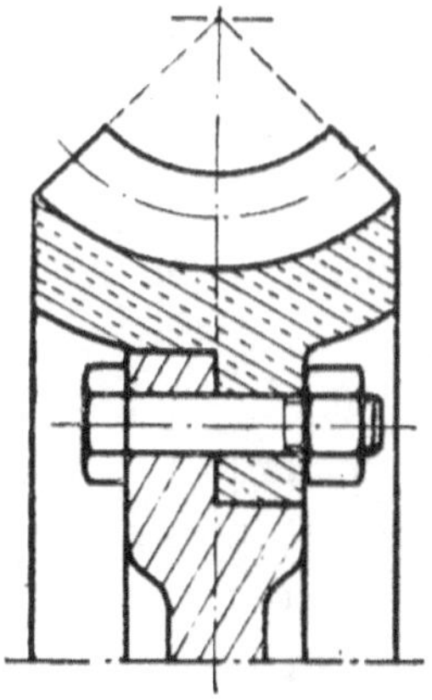

Fig. 274.

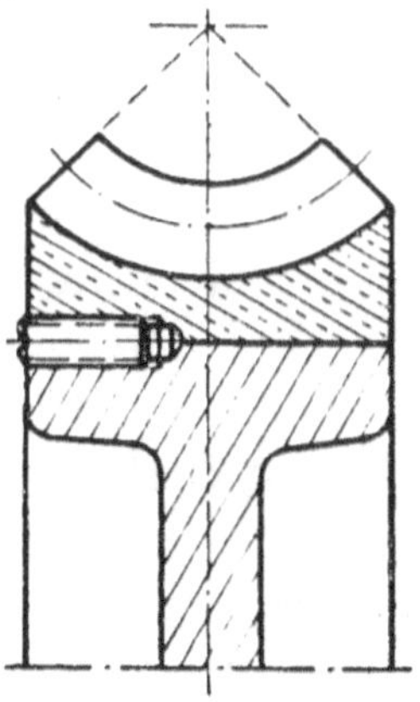

Fig. 275.

La vis peut être prise dans la masse de son arbre (fig. 276), mais dès que la dimension devient suffisante, il est moins coûteux de rapporter la vis sur son arbre (fig. 277).

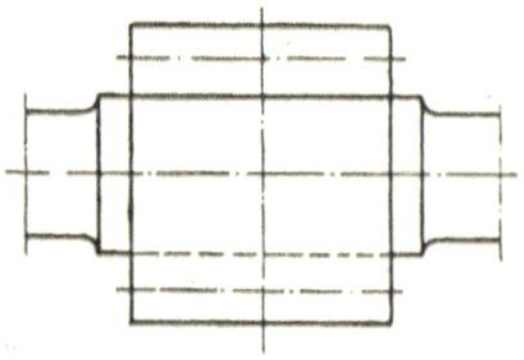

Fig. 276.

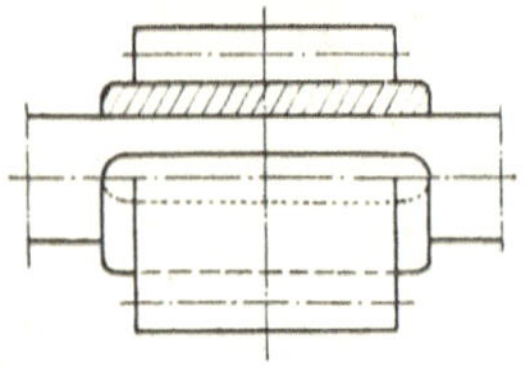

Fig. 277.

G. – Conditions d'emploi des roues dentées.

Le choix des matières, des dimensions et du genre de denture est fixé, outre les considérations d'ordre cinématique, par des conditions pratiques de résistance, de bon fonctionnement, de durée et de prix.

La résistance d'une dent est fonction de la matière qui la constitue et de sa section d'encastrement dans la jante, par suite de son épaisseur et de sa largeur. Mais, d'autre part, la puissance transmise dépend de l'effort supporté par la dent et de la vitesse circonférentielle de la roue, laquelle varie avec le diamètre et le nombre de tours.

Enfin, le bon fonctionnement dépend du soin apporté à la fabrication et au montage.

On distingue d'abord les *roues de force* qui transmettent de grands efforts à de faibles vitesses, et les *roues de vitesse* qui sont animées de vitesses élevées, quel que soit l'effort supporté.

Pour les premières, on ne se préoccupe que de la résistance, les chocs et l'usure ne sont pas à craindre. On peut, par suite, limiter la largeur de la dent à six fois le module environ. La denture peut être employée brute, notamment dans les appareils mus à bras. On admet des vitesses circonférentielles de 4 à 5 mètres pour les dentures droites, en fonte, et jusqu'à 8 et 9 mètres pour les dentures à chevrons, et en acier.

Par contre, pour les roues de vitesse, la denture taillée s'impose, et on doit tenir compte, outre la résistance, des chocs, des frottements et de l'usure.

Pour cela, on augmente la largeur de la dent jusqu'à dix et même quinze fois le module, afin de répartir la pression sur une plus grande surface (CNM 5003).

Les vitesses admises vont jusqu'à 10 et 12 mètres pour les dentures métalliques et les alluchons en bois, 12 et 15 mètres pour les pignons en cuir vert et les roues à *chevrons taillés*.

Au point de vue du rapport de transmission, il y a lieu de choisir des rapports simples, tels que ½, ⅓, ¼, ... lorsque l'effort transmis est régulier et que l'usure se répartira sur toutes les dents ; au contraire, prendre des rapports de nombres premiers entre eux, si l'effort étant irrégulier, et même périodique, on veut éviter que l'usure soit supportée toujours par les mêmes dents.

En tous cas, pour un bon engrènement, ne pas dépasser le rapport 1/10 pour les roues de force, 1/5 pour les roues de vitesse. On peut aller à 1/15 avec les pignons en cuir et 1/20 pour les chevrons taillés.

Enfin, le fonctionnement est d'autant meilleur que les diamètres et nombres de dent sont plus grands ; pour une même puissance, les dents sont plus petites et le frottement moindre. Mais en revanche, les roues sont plus encombrantes et plus coûteuses. Tableau XX (CNM 5003).

Suivant l'utilisation, chaque fois qu'il faut éviter dans un mécanisme, les vibrations et les chocs, employer la *denture taillée*. Pour obtenir une grande douceur, choisir la *denture hélicoïdale* ; si, de plus, les efforts sont importants, la *denture à chevrons taillés* s'impose, et comme matière l'acier coulé, ou des aciers spéciaux.

Si on ne peut assurer une position rigoureuse des axes, ne faire usage que de la denture droite et, si l'encombrement est très réduit et que l'on craigne pour la résistance, prévoir des joues latérales ou des dentures à chevrons.

La position rigoureuse des axes doit être encore plus sûre pour les dentures coniques.

Les dentures métalliques doivent être soigneusement graissées : graisse consistante ou suif fondu pour couples à découvert, barbotage dans l'huile pour fonctionnement à l'intérieur d'un carter.

On graisse les dentures en bois à la plombagine et au suif. Employer la plombagine seule pour le cuir. Si le graissage ne peut être assuré, utiliser la denture bois sur fonte ; le chêne vert dans les milieux humides.

Les pignons en cuir vert se recommandent pour les vitesses élevées et une grande douceur de marche (moteurs électriques à collecteur).

TABLEAU XX. — ENGRENAGES DROITS

Nombre de dents :

12	13		**14**	15	**16**	17	**18**	19	**20**	21	**22**	23	24
25	26	27	**28**	30	**32**	34	**36**	38	**40**	42	**45**		48
50	53		**56**	60	**63**	67	**71**	75	**80**	85	**90**		95
100	106		**112**	118	**125**	132	**140**	150	**160**				

Employer de préférence les termes en caractères gras.	
Largeur de denture :	
Recommandée	10 modules.
Accessoires.	6,4 — 8 — 12,5 ou 16 modules.
Diamètre de l'alésage :	
Série principale :	
20 22 24 27 30 33 36 39 42 45 48 52 56 60 64 68	
Série complémentaire :	
25 35 40 50 70	

Représentation des engrenages en dessin.

En principe, on simplifie autant que possible le dessin en ne figurant les roues qu'en coupe par un plan passant par l'axe et par le creux des dents, quel qu'en soit le nombre ; on ne coupe jamais les dents (voir les différentes figures du chapitre). Si on est obligé de dessiner une vue de face, pour montrer la forme des bras, par exemple, on ne trace jamais les dents, mais seulement les cercles primitifs, en trait mixte, et les cercles d'échanfrinement et d'évidement, en trait interrompu long (voir fig. 278 et 280).

Les roues à denture hélicoïdale se représentent exactement comme les roues à denture droite (voir fig. 278). Les vis sans fin sont figurées conventionnellement comme le montre la figure 280.

Les roues cylindriques à denture droite peuvent être dessinées séparément ; les roues coniques doivent être représentées ensemble (fig. 279) ainsi que les roues et vis sans fin.

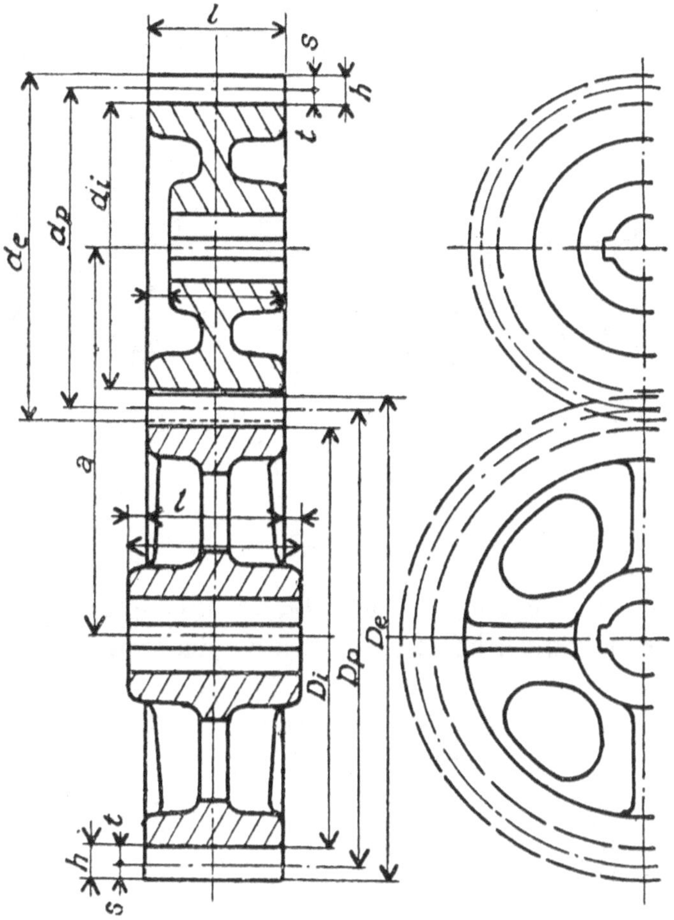

Fig. 278.

Cotes caractéristiques.

Les données indispensables pour l'établissement des roues dentées sont, quel que soit le type :

- le diamètre primitif D_p ou d_p ;
- le nombre de dents N ou n,
- le module M,
- la largeur de la denture l (sauf pour les roues à vis sans fin et pour les dentures hélicoïdales où on donne la largeur de la roue).

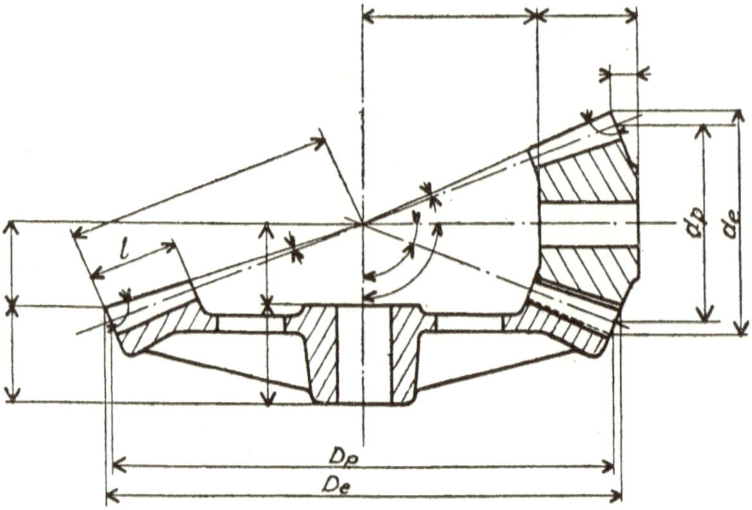

Fig. 279.

Bien entendu, comme il a été dit, il faut faire la distinction, pour les dentures hélicoïdales, entre le module apparent M_a et le module réel M_r.

Pour la fabrication, les cotes nécessaires sont celles des figures 278 (roues cylindriques, denture droite et denture hélicoïdale), 279 (roues coniques), 280 (roues et vis sans fin). L'entr'axe *a* n'est pas indispensable pour les roues droites.

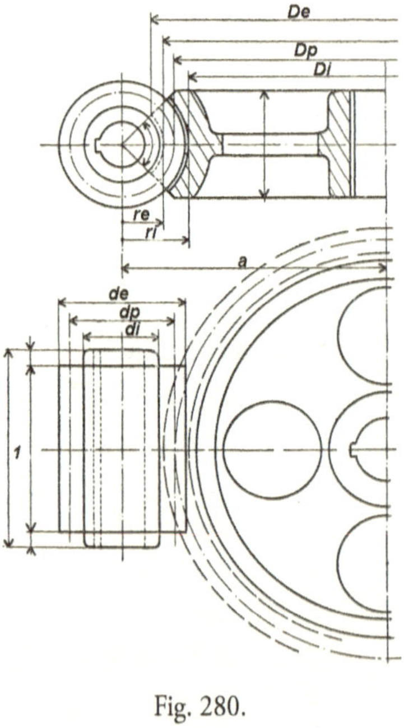

Fig. 280.

En principe, on doit fournir les cotes :

1°. pour le tournage de la roue (diamètre extérieur, ½ angle des cônes d'échanfrinement, largeur de denture et position par rapport au moyeu) ;

2°. pour le taillage de la denture : numéro de la fraise, saillie, creux, hauteur totale de la dent, sens de la denture pour les roues hélicoïdales et inclinaison, ou mieux *pas de l'hélice.* (Noter que les caractéristiques pour les dentures coniques sont données pour le gros bout de la dent).

Pour les roues à denture brute, on doit donner le dessin exact de la dent ou le numéro du calibre.

§ 2. — ROUES À CHAÎNES

Ce sont des roues dentées à action indirecte, la transmission s'effectuant par l'intermédiaire d'une chaîne sans fin reliant les roues. Elles sont utilisées lorsque la distance des axes devient trop grande pour une transmission par engrenages à action directe, ainsi que pour le cas de faibles vitesses où une courroie glisserait sans cesse.

A. — Chaînes.

On distingue : les chaînes en fer rond, ou à maillons soudés, les chaînes à lames, ou chaîne Galle, les chaînes spéciales.

1 - Chaînes en fer rond.

Elles peuvent être :

- à maillons courts (fig. 281) non calibrés ; dans ce cas, elles s'enroulent sur des poulies à gorges ou sur des tambours, non sur des roues dentées, car leur pas n'est pas suffisamment régulier ; elles ne peuvent donc servir à transmettre un mouvement sous un rapport de vitesses constant ;

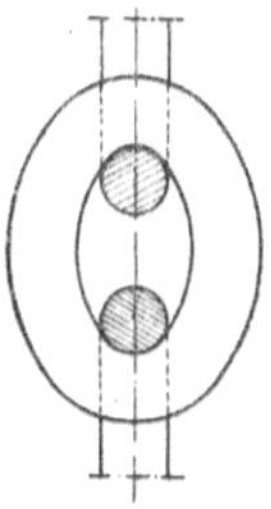

Fig. 281.

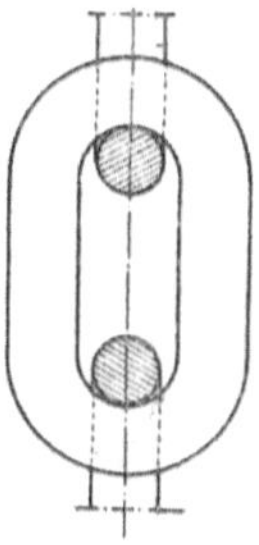

Fig. 282.

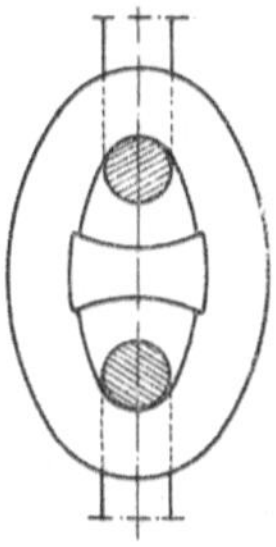

Fig. 283.

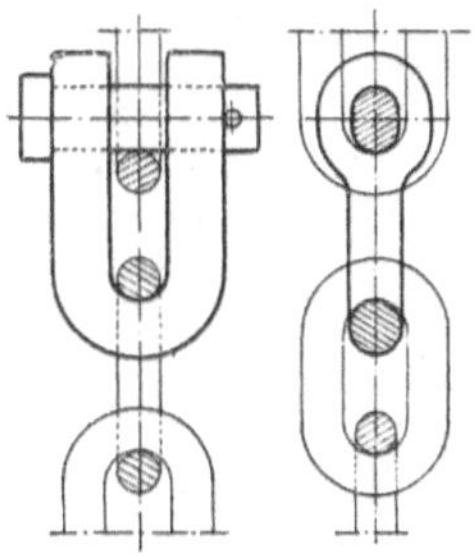

Fig. 284.

- à maillons longs (fig. 282) ou chaînes calibrées, s'enroulant sur des roues à empreintes ; elles peuvent transmettre un mouvement régulier ; les chaînes de levage calibrées sont normalisées (CNM 601 et 602) ;
- à étançons (fig. 283), beaucoup plus résistantes que les deux premières. Les chaînes à maillons ne s'emploient que pour de faibles vitesses, comme organes de traction, dans les appareils de levage notamment. Elles sont lourdes, peu sûres, et remplacées avantageusement par des câbles métalliques.

On constitue une chaîne sans fin (ou on répare une chaîne cassée) par un maillon de jonction spécial (fig. 284).

Une chaîne est caractérisée par le diamètre *d* du fer rond qui la constitue ; les proportions des maillons sont données en fonction de *d*, le pas *p* d'une chaîne est la longueur intérieure d'un maillon.

2 – Chaînes Galle.

Elles sont constituées par des axes appelés *fuseaux*, réunis à leurs extrémités par des lames articulées, en nombre variable suivant la résistance cherchée.

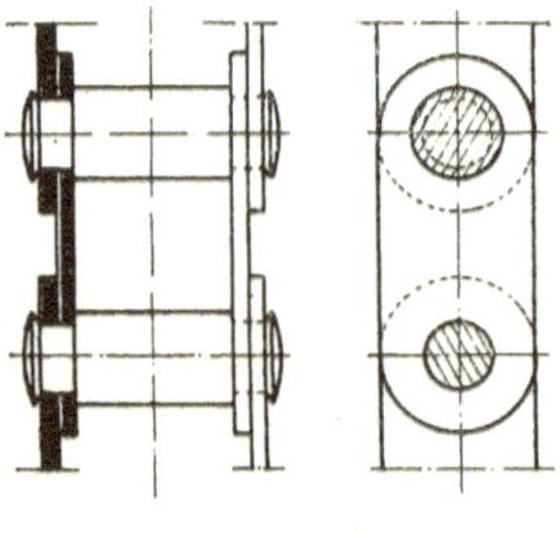

Fig. 285.

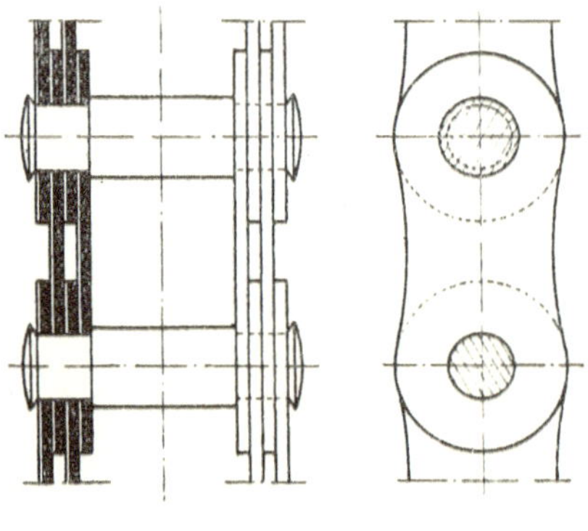

Fig. 286.

On désigne la chaîne par le nombre de lames ou mailles reliant deux fuseaux consécutifs, en ne comptant qu'un côté : chaîne *à simple maille* (fig. 285), *à double maille* (fig. 286), etc... Les lames peuvent être pleines (fig. 285) ou évidées (fig. 286) pour diminuer le poids. Elles sont maintenues en place par rivure de l'axe, avec ou sans rondelle interposée. Ces chaînes s'usent rapidement aux articulations, vu la faible surface de portée de lames sur les tourillons des fuseaux ; l'usure de la partie centrale au contact des dents amène une variation irrégulière du pas. Pour ces raisons, on ne les emploie guère comme chaînes de transmission, sauf pour de faibles charges.

Elles sont utilisées dans les appareils de levage, quoique supportant mal la torsion, mais elles sont plus sûres que les chaînes à maillons, et s'enroulent régulièrement sans fatigue sur des pignons de petits diamètres, ce qui permet des encombrements très réduits.

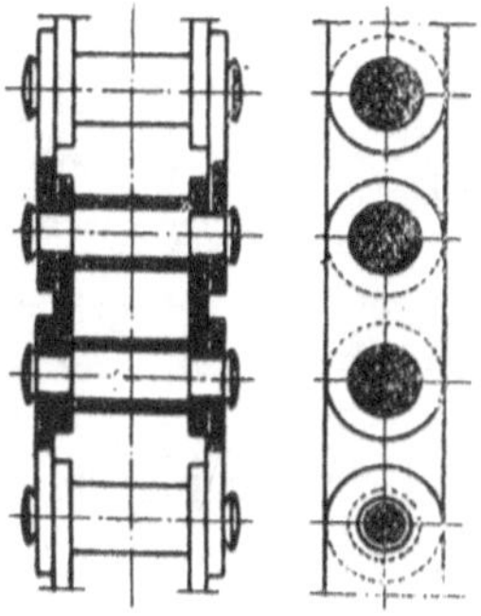

Fig. 287.

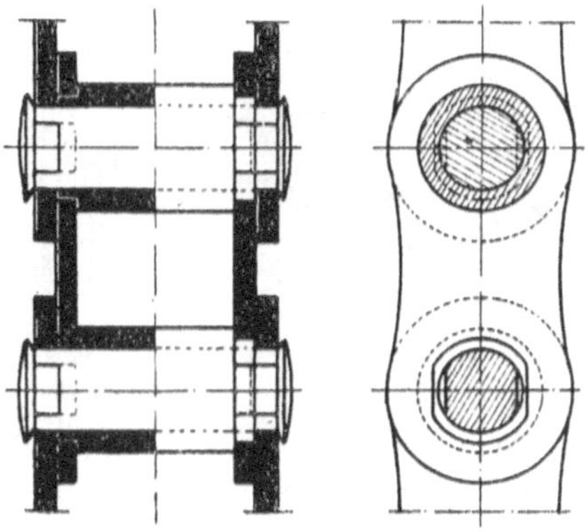

Fig. 288.

Les chaînes Galle pour transmissions sont munies de douilles ou rouleaux en acier, entourant les fuseaux (fig. 287) : le frottement est ainsi réparti sur une plus grande surface ; la figure 288 montre le montage d'une chaîne à simple rouleau, dans lequel la maille intérieure est ajustée sur deux plats de l'épaulement de la douille et la maille extérieure sur deux plats de l'axe : les mailles ne sont donc pas articulées et tout le frottement a lieu entre le fuseau et le rouleau.

Dans la chaîne à doubles rouleaux (fig. 289) au lieu d'articuler deux mailles consécutives sur le même axe, on les relie par des pièces en forme de double rouleau : la roue a ainsi deux fois moins de dents

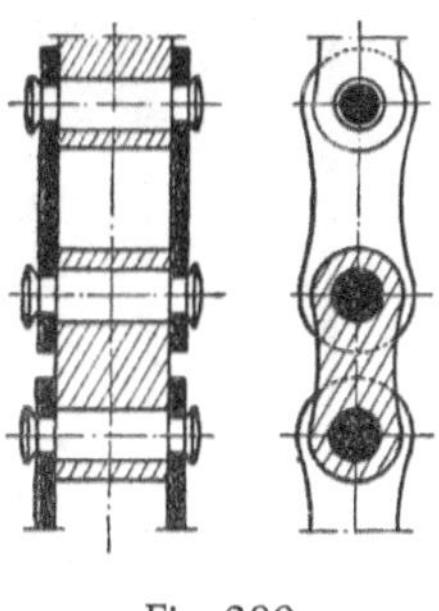

Fig. 289.

et les blocs intercalaires se prêtent à la fixation des attaches d'organes portés par la chaîne.

Chaîne Vaucanson (fig. 290).

Elle est formée de sortes de crochets en fer rond, sans soudure ; elle est utilisée pour transmission de faibles efforts.

Les chaînes à maillons détachables présentent l'avantage d'un montage ou d'un démontage facile des maillons.

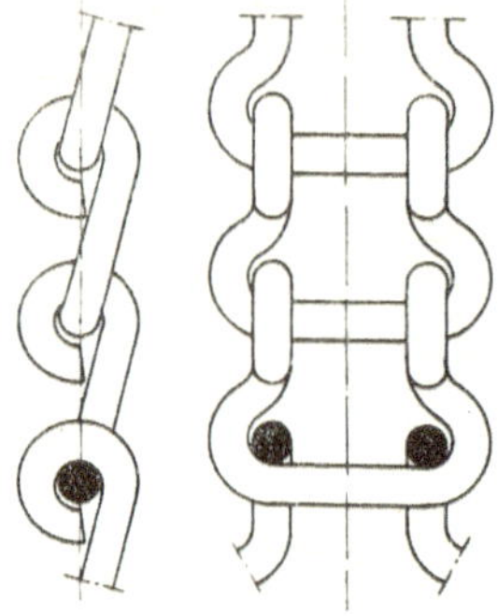

Fig. 290.

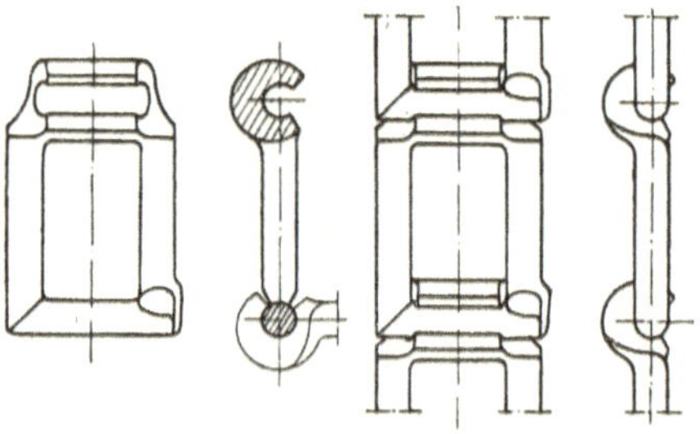

Fig. 291.

Dans la figure 291, les maillons (en fonte malléable, acier moulé ou estampé) sont tous identiques et présentent chacun un crochet et un tourillon ; pour réunir deux maillons, on les place d'équerre et on fait glisser le crochet sur le tourillon jusqu'à ce qu'il puisse se placer dans le prolongement. La forme du crochet évite la sortie du maillon en marche.

Dans le type figure 292, les maillons sont de deux sortes : les uns portent deux tourillons, les autres deux crochets ; la mise en

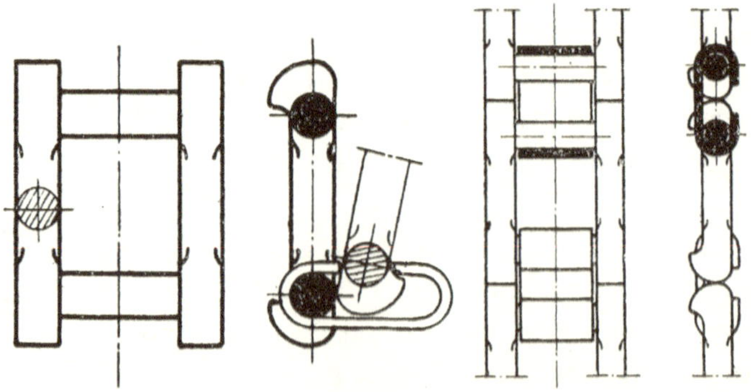

Fig. 292.

place s'effectue en engageant d'abord un crochet sur le tourillon final du maillon précédent, puis en engageant le maillon suivant dans le crochet placé d'équerre ; une fois en prolongement, les talons s'opposent à la sortie, en maintenant l'écartement.

Ces chaînes conviennent pour transmettre de grands efforts à faible vitesse et pour des distances d'axes peu élevées. On les emploie dans les transporteurs, en faisant venir des pattes de fixation sur certains maillons.

3 – Chaînes silencieuses ou à crémaillère.

Elles sont constituées, comme les chaînes Galle, par des lames articulées sur des fuseaux, mais ici les lames sont découpées en forme de dents (fig. 293) qui engrènent avec les dents de la roue : ce ne sont donc plus les fuseaux qui portent dans l'enroulement de la chaîne.

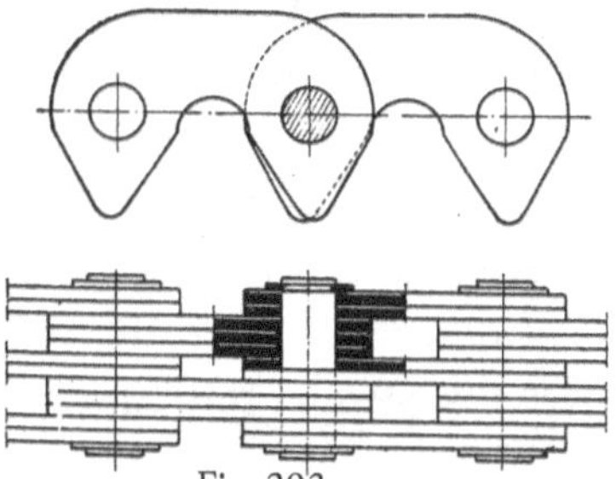

Fig. 293.

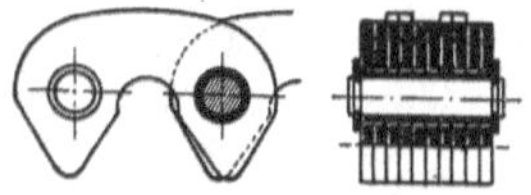

Fig. 294

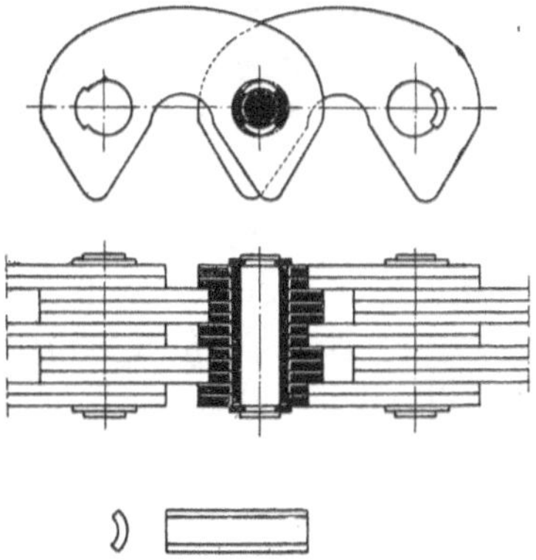

Fig. 295.

On les établit à fuseaux nus (fig. 293) avec bagues (fig. 294) ou avec coussinets en segments (fig. 295), ces deux derniers types présentant une plus grande durée.

Ces chaînes, outre qu'elles sont silencieuses, peuvent transmettre de grands efforts à des vitesses élevées ; elles sont souvent guidées, par une lame médiane sans dents s'engageant dans une gorge de la roue ou par deux disques-guides, placées extérieurement et formant joues sur la roue dentée.

Conditions d'emploi.

La transmission par chaîne présente de nombreux avantages sur l'emploi des courroies : pas de glissement (entraînement absolu ou positif), rapport de vitesses rigoureux et constant, pas de fortes tensions fatiguant les supports, fonctionnement dans tous les milieux, humides ou chauds, dans l'huile, etc. Mais les articulations doivent être bien étudiées et les roues soigneusement établies pour réaliser un fonctionnement régulier et un bon rendement.

Leur graissage est indispensable ; pour celles qui ne travaillent pas dans l'huile, on emploie la graisse, le suif ou le graphite. Mais, à la longue, elles s'encrassent : à ce point de vue les chaînes à rouleaux sont préférables.

Avec des chaînes bien graissées on peut atteindre des vitesses de 2 à 3 mètres/seconde (chaînes à doubles rouleaux), 4 à 5 mètres (à simple rouleau), 6 à 7 mètres (chaînes silencieuses).

Le glissement étant impossible, on doit prévoir un montage évitant la rupture accidentelle : calage d'une des roues par goupille de cisaillement, ou montage élastique de l'une des roues.

La distance maximum des arbres varie de 4 à 6 mètres, suivant la force de la chaîne ; on peut descendre à des distances faibles : on peut prendre comme base un nombre minimum de 50 maillons à la chaîne.

Ces considérations ne s'appliquent qu'aux cas de transmissions et non aux appareils de levage, ou aux transporteurs.

B. — Roues à chaînes.

Constitution.

Les chaînes à maillons courts, non calibrés, s'enroulent sur des poulies à gorges, en fonte, ou en acier moulé. La jante de ces poulies peut être prévue comme dans la figure 296 ou figure 297 suivant la position qu'on veut donner aux maillons ; dans le premier cas, la chaîne doit être guidée, dans le second, les maillons se placent toujours d'eux-mêmes. Les proportions sont données en fonction du diamètre du fer de la chaîne *d* ; le diamètre d'enroulement (mesuré au point de croisement de deux maillons) ne doit pas être inférieur à 20 à 30 *d* ; prévoir du jeu pour la place de la chaîne, donner aux joues une hauteur d'autant plus grande que la vitesse sera plus élevée. Ces poulies ne servent que pour la suspension, le guidage, ou la manœuvre à la main, dans les appareils de levage.

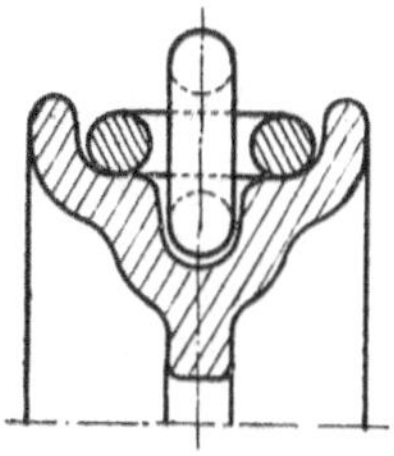

Fig. 296.

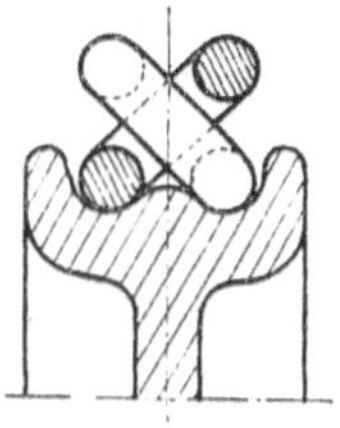

Fig. 297.

Les chaînes de traction s'enroulent sur des tambours qui présentent sur leur jante une succession de gorges, de l'un ou l'autre type, mais tracées en hélice, une extrémité de la chaîne étant fixée en un point extrême de la jante, par crochet, ou par axe avec chape boulonnée.

Les chaînes calibrées s'enroulent sur des roues *à empreintes*, appelées aussi *noix* dans le cas de faibles diamètres. On peut descendre jusqu'à 5 empreintes, ce nombre étant fixé suivant le diamètre de l'arbre qui porte la noix. Les noix remplacent

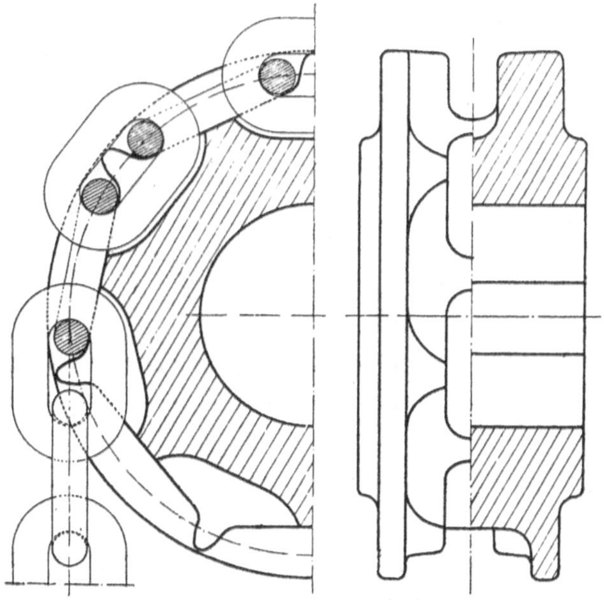

Fig. 298.

avantageusement les tambours quand il faut réduire l'encombrement, mais elles occasionnent plus de frottements, et il faut prévoir un guide-chaîne à l'entrée et à la sortie.

La jante est constituée par une série d'alvéoles, où les maillons viennent se placer successivement à plat et sur champ (fig. 298) ; les empreintes sont séparées par des nervures, portées par les joues latérales, qui forment dents venant se loger entre deux maillons à plat consécutifs ; l'entraînement à lieu par emboîtement de la chaîne sur la noix, et non d'une manière comparable à l'engrènement d'une crémaillère sur un pignon.

Tracé des noix.

Il s'effectue à partir du pas de la chaîne et du diamètre du fer. On se donne le nombre de *pans* de la noix, c'est-à-dire le nombre d'alvéoles distinctes où les maillons se posent à plat : la noix figure 298 est à 7 pans. Il faut déterminer le cercle primitif passant par les sommets de la ligne brisée formée par les axes des

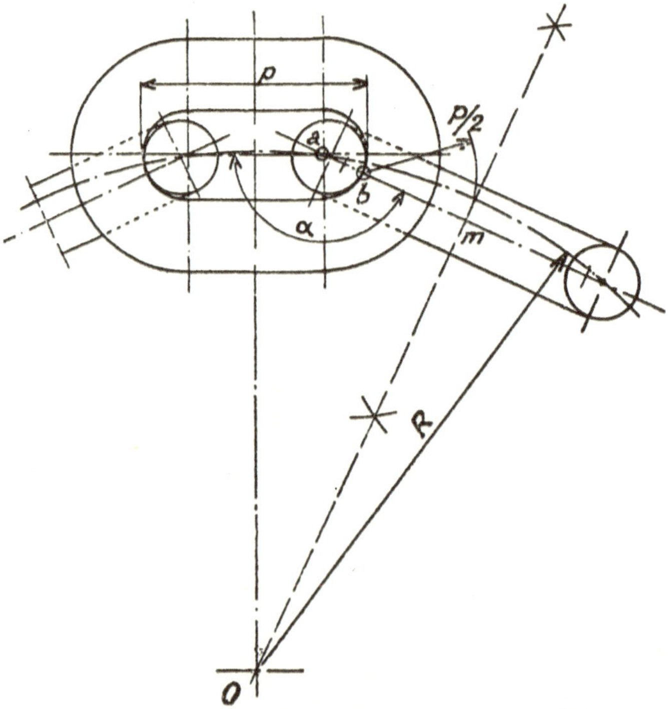

Fig. 299.

maillons. Le rayon de ce cercle peut être calculé, mais on peut aussi le construire. Pour cela (fig. 299), tracer un maillon sur champ et par ses centres *a* tracer les axes des maillons à plat voisins, à l'aide de l'angle $\alpha = (180° (n - 1)) / n$ (*n* nombre de pans). Ces axes coupent les cercles intérieurs aux points de contact *b* des maillons ; porter à partir de ces points le ½ pas *bm*, ce qui donne l'axe transversal du maillon à plat : mener la perpendiculaire en *m*, qui coupe l'axe transversal du maillon sur champ au centre de la noix O. Achever le tracé en se reportant à la fig. 298.

Tracé des roues à chaînes Galle à simples rouleaux.

On se donne le pas *p* de la chaîne et le nombre de dents *n*, ainsi que le diamètre *d* des fuseaux (ou des rouleaux).

Le diamètre du cercle primitif est donné par :

$$D = p / (\sin (180°/n))$$

On peut aussi le construire à l'aide de l'angle $\beta = 90° - \alpha$ (avec $\alpha = 180°/n$).

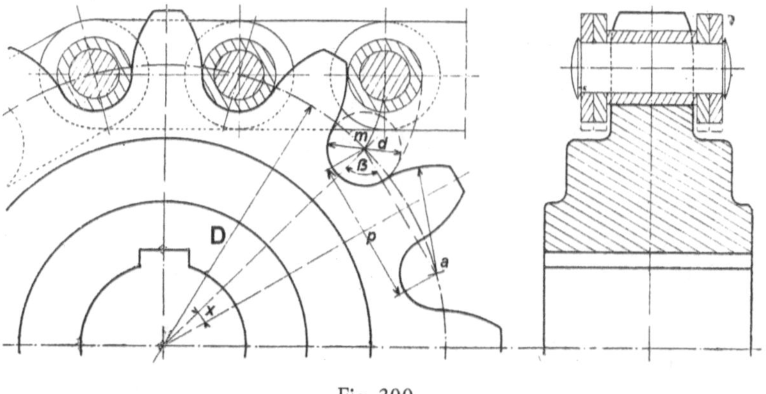

Fig. 300.

Tracer la circonférence (fig. 300), la diviser en portant *n* fois *p* (obtenir une division rigoureuse). Par les points de division *m*, tracer les cercles des creux de diamètre *d*, puis mener des arcs tangents aux cercles *m* des points de division immédiatement voisins, tels que *a*. Ces arcs donnent le profil des dents, dont la saillie est limitée soit à *d* / 2 ou à la demi-largeur des lames environ.

La longueur des dents est prise légèrement inférieure (½ à 2 mm) à l'écartement des lames intérieures. Le champ des lames ne doit pas porter sur l'épaulement de la roue surtout avec les lames pleines ; avec les lames évidées on peut les faire porter, sous réserve d'un usinage exact. Ces roues sont en acier moulé, en fonte dure ou en acier spécial.

Le nombre des dents est déterminé par le rapport de vitesses s'il s'agit d'une transmission ; dans les appareils de levage, il est proportionné à la charge : $n = 8$ pour charges allant jusqu'à 3 000 kg ; $n = 9$ de 3 000 à 20 000 kg ; $n = 10$ au-dessus de 20 000 kg.

La denture est taillée à la fraise ; au besoin, pour les petits diamètres dans la masse même de l'arbre.

Roues à chaînes à doubles rouleaux. — Le rayon primitif est déterminé comme pour les noix à chaînes calibrées et le tracé de la denture s'effectue comme pour les roues à simple rouleau, en tenant compte de la présence des rouleaux doubles (fig. 301).

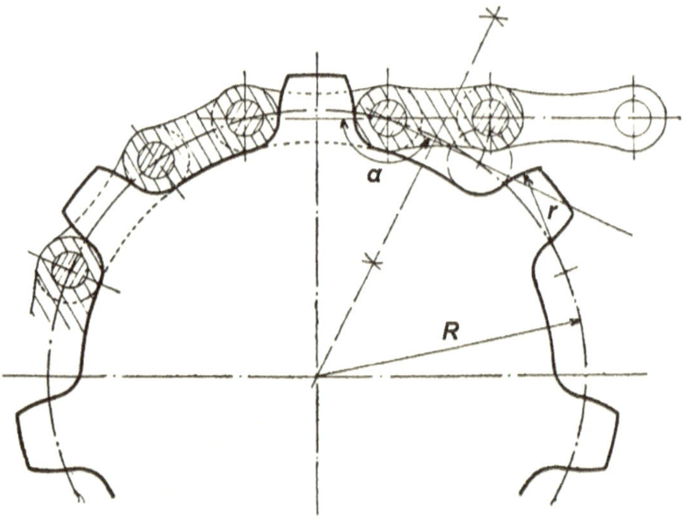

Fig. 301.

Roues à chaînes à maillons détachables. — Même tracé (fig. 302) que pour les roues à chaînes Galle à simples rouleaux, mais en donnant aux dents l'épaisseur convenable obtenue par le calcul.

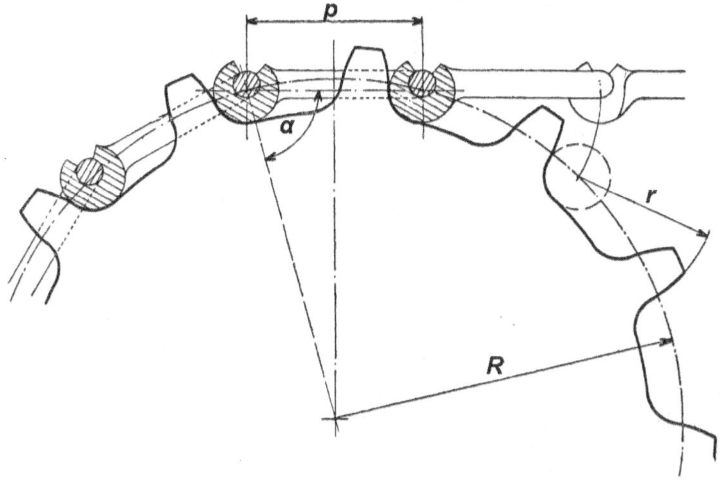

Fig. 302.

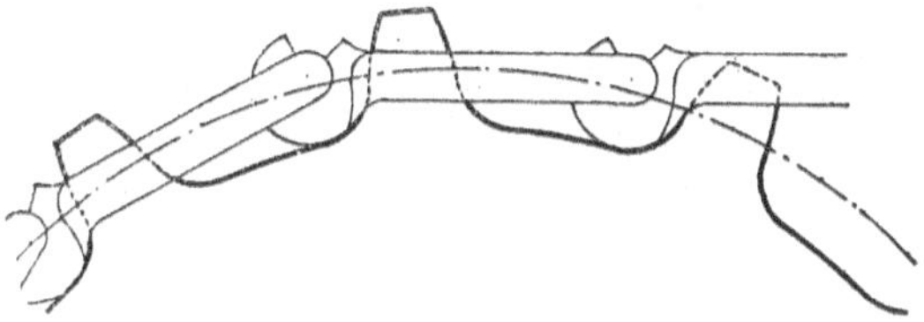

Fig. 303.

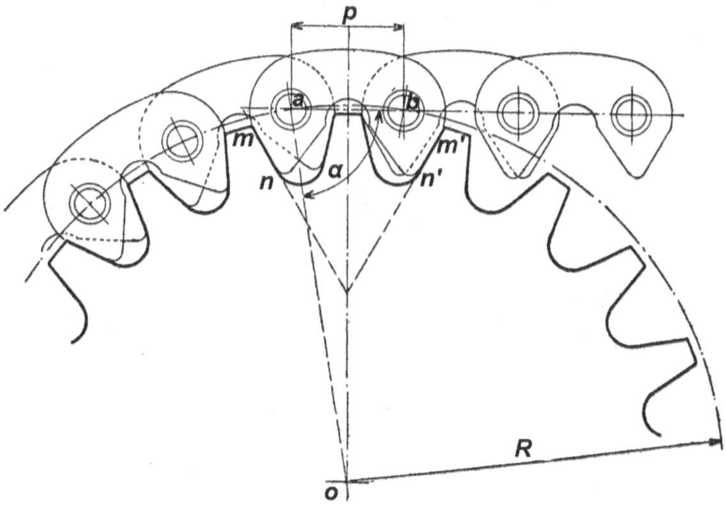

Fig. 304.

Monter la chaîne en situant les ouvertures des crochets vers l'extérieur et suivant fig. 302 si la roue est menante, fig. 303 si la roue est menée.

R*oues à chaînes silencieuses.* – Connaissant le pas *p*, la forme des mailles, et le nombre de dents *n* de la roue, tracer le cercle primitif comme pour une chaîne Galle à simples rouleaux, avec le rayon R calculé ou obtenu par construction. Porter la division exactement en fonction de *p* (fig. 304) et tracer avec une précision rigoureuse la forme de 2 mailles consécutives.

Les rayons O*a*, O*b* donnent les axes de deux creux consécutifs, dont les faces sont les parties *mn* actives des contours de la maille ; les autres faces sont symétriques par rapport à O*a* et O*b*. Raccorder au fond du creux par arcs de cercle suffisants pour éviter tout contact, de même, échanfriner les têtes des dents par un cercle évitant le contact avec le creux des mailles. Le nombre de dents peut varier de 14 à 100 environ, avec rapport de vitesses maximum 1/6 à 1/8.

INDEX ALPHABÉTIQUE

F

G

H

J

L

M

N

O

P

R

S

T

V

TABLE DES MATIÈRES

CHAPITRE I

CHAPITRE II

CHAPITRE III

CHAPITRE IV

CHAPITRE V

CHAPITRE VI

www.ingramcontent.com/pod-product-compliance
Lightning Source LLC
LaVergne TN
LVHW090432061026
849522LV00002B/601

* 9 7 8 2 3 6 9 6 5 1 1 6 1 *